图说蔬菜栽培技术

郭东坡　任艳云　吴玉川　主编

中国农业出版社

编写人员名单

主　编　郭东坡　任艳云　吴玉川

副主编　王立春　韩加坤　殷碧秋　崔　伟

　　　　杜　伟　李　欣　贺　莉　魏　靖

编　委　(以姓氏笔画为序)

　　　　于志波　王　军　王目珍　王德华

　　　　从风标　孔令萍　田胜利　刘道静

　　　　李　阳　李　岩　李　佼　沈志河

　　　　张　晋　张德军　孟立明　赵　旭

　　　　赵千里　夏　伟　夏　雨　倪兴平

　　　　高仲才　郭苏军　姬长瑞　崔艳秋

　　　　蒋　平

前　言

　　蔬菜是人们生活中不可缺少的副食品，人们要求周年不断供应新鲜、多样的蔬菜产品，仅靠露地栽培很难达到目的。尤其是我国北方地区无霜期短，整个冬季无法生产露地蔬菜。而长江流域部分地区在冬季虽然能生产一些露地耐寒蔬菜，但是种类单调，若遇冬季寒潮、夏秋暴雨或连绵阴雨等灾害性天气，则早春育苗和秋冬蔬菜生产可能会受到较大损失，影响蔬菜的供应。而用塑料蔬菜大棚进行蔬菜栽培可利用保护设备在冬、春、秋进行蔬菜生产，以获得多样化的蔬菜产品，可提早和延迟蔬菜的供应期，错开常规露地蔬菜的供应高峰，对调节蔬菜周年均衡供应，满足人们需要，增加农民收入有着十分重要的意义。

　　为了更好地推广保护地蔬菜生产

技术，提高针对性和实效性，有效解决现阶段农民培训教材与农民培训需求不相适应的矛盾，编者以鲁西南地区主要保护地蔬菜种类为主，重点突出先进实用技术和最新科技成果，系统整理了保护地蔬菜栽培技术，配套拍摄搜集了大量蔬菜图片，汇集成册。本书内容丰富、语言简洁、图文并茂、通俗易懂，可作为基层农技人员及新型职业农民培训实用教材。由于编者水平所限，错误和疏忽之处在所难免，敬请提出宝贵意见。

编　者

2017年7月

目　录

第一篇
保护地类型及温室的建造调控

第一章 保护地类型

　　保护地栽培是在人工保护设施所形成的小气候条件下进行的植物栽培，又称设施栽培，主要应用于蔬菜、果树、苗木、花卉等园艺作物和药用植物的生产。保护地栽培可以不受生产的季节性限制，使植物避开不利自然条件的影响而发育成长；可以延长或提早植物的生长期和成熟期，成倍地增加单位面积产量。在蔬菜生产中，它与露地栽培以及贮藏、加工等措施相配合，对于保证蔬菜的周年均衡供应有重要作用。

第一节　风障畦

　　风障畦就是在东西向畦的北面设置挡风障的保护地。风障高1.5～2.5m，向南倾斜。每排风障一般可保护2～6畦，其作用在于风障能遮挡西北风，稳定障南的小气流，减少太阳辐射能在畦面的损失，在风障两侧形成一个背风向阳的小气候环境，能够显著提高风障前的地温（图1-1-1）。障南第一畦称并一畦，白天气温可提高5～6℃，自并二畦以后各畦增温幅度依次递减约1℃。而每增温1℃，相当于作业期或成熟期提早3～5d。这对早春绿叶菜类供应、提早果菜类蔬菜栽植以及保护甘蓝、

图1-1-1　风障畦

洋葱等幼苗越冬等有重要作用。

在东西向畦的南面设置向北倾斜的矮风障（高0.6～0.8m），每畦一障，或在畦田上方用秸秆材料搭成稀疏的棚顶，有疏光降温的效果，多用于怕日光直射的植物（如姜、人参等）栽培和夏季蔬菜育苗。

第二节　地面覆盖畦

地面覆盖畦是在畦土表面加以覆盖的保护地，分为三种：

（1）简易覆盖。主要用苇茅苫或蒿草、马粪等做覆盖物，用以保护菠菜、芹菜等蔬菜的越冬幼苗。对单株常扣盖纸帽、塑料薄膜帽或泥瓦盆，在栽植单株的穴坑顶部盖玻璃片，或用苇穗、高粱穗围护，以达到防风、防寒、保温的目的（图1-1-2）。

图1-1-2　简易覆盖

（2）地膜覆盖。即在垄或高畦表面覆盖塑料薄膜。有保持水分、提高地温（3～5℃）和促进根系发展的作用（图1-1-3）。

（3）地膜改良覆盖。即在早春将地膜覆于栽植蔬菜的沟顶，天暖断霜后顶膜落地成为地膜。

图1-1-3　地膜覆盖

第三节　阳畦

阳畦是由风障畦发展而来的，又名秧畦、洞坑。它是利用太阳的光能来保持畦内的温度，没有人工加温设施，所以又称冷床（图1-1-4）。畦北设风障，四周围筑土墙，北墙一般略高于南墙。上面用玻璃、塑料薄膜或蒲席、草毡覆盖。由于畦内白天可充分吸收太阳光热，夜间可以保温，可比露地夜温提高约10℃。近年推广的改良阳畦，是在阳畦基础上加以适当改造而成的小型单屋面建筑物，高1.2～1.5m，屋顶用植物秸秆作材料，上铺泥土，前面盖玻璃框或塑料薄膜。其优点是工作人员可蹲入操作，透光保温性能也优于传统阳畦。

图1-1-4　阳畦

第四节　温床

　　温床结构同阳畦，但增加了土壤加温。热源为厩肥酿热或用电热线。加温期间床内夜温可提高到 25 ～ 30℃。此外，也可在露地做成加温畦或加温埂，在寒冷条件下进行早春生产（图1-1-5）。

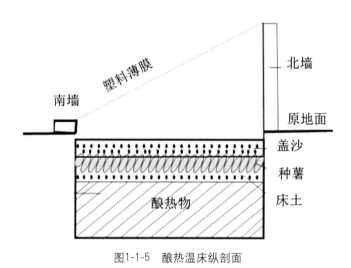

图1-1-5　酿热温床纵剖面

第五节　温室

　　温室，又称暖房，指有防寒、加温和透光等设施，供冬季培育喜温植物的房间。一般的温室只能调节温度，高级温室还能控制湿度和二氧化碳浓度等。温室的建造费用较高，但由于它控制环境条件的性能优越，在冬季较长的寒冷地区有发展前景（图1-1-6）。

图1-1-6　温室

第二章　日光温室的建造

日光温室在北方又叫"暖窖""冬棚"，是以太阳光为主要能源，不需人工加温或少加温就可以进行冬季蔬菜生产的建筑。目前生产上普遍使用的日光温室，通常高度在4m左右，跨度在10～12m，墙体有土墙、砖墙及复合墙体等，骨架材料有竹木结构、钢架结构以及钢竹混合结构等。日光温室的结构如图1-2-1至图1-2-4所示。

图1-2-1　日光温室后墙、山墙

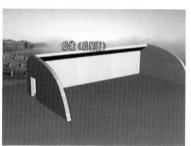

图1-2-2　日光温室后坡

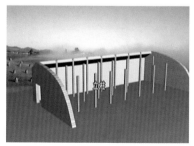

图1-2-3　日光温室立柱

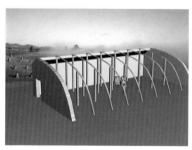

图1-2-4　日光温室棚架

第一节　建造参数

日光温室的结构参数，主要有棚内跨度、脊高、后墙高、采光屋面角、后屋面仰角等。在山东主要推广的日光温室，其跨度为10m，脊高4～4.2m，前跨9～9.2m，后跨0.8～1m，后墙高3～3.2m，采光屋面角24°～26°，后屋面仰角为45°～47°（图1-2-5）。随棚内跨度的增加，后面的各项数据也相应增加。这种日光温室增加了室内种植面积，增大了采光屋面角，升温快。前屋面均采用钢架结构，温室内只是在屋脊处设一排立柱，既不影响室内光照，又提高了大棚的牢固性，保温能力增强。在前屋面的中前部和后部设立了两道放风带，解决了长周期栽培蔬菜的通风问题（图1-2-6）。

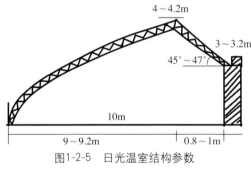

图1-2-5　日光温室结构参数

图1-2-6　日光温室透视效果

第二节　建造原则

在建造日光温室时一般应遵循以下原则：一是结构性能优良。便于调控温度、光照、湿度等环境因素，抗灾能力强。二是节约建造成本。在保障温室安全使用的前提下，尽量节约土地和建造费用。三是便于操作。建造的日光温室要方便操作和管理。四是因地制宜。日光温室建造要结合当地条件，做到因地制宜。

第三节　建造材料

日光温室材料分结构材料和覆盖材料两大类。结构材料包括温室的墙体和骨架；覆盖材料主要包括透明覆盖材料和不透明覆盖材料。透明覆盖材料有塑料棚膜和地膜；不透明覆盖材料有草苫、棉被、遮阳网和镜面反射膜（图1-2-7）。

图1-2-7　日光温室室内实景

一、结构材料

1. 墙体材料

（1）下挖式结构。最高地下水位超过2m时，可采用下挖式棚型结构，下挖深度0.5～0.8m。

（2）土墙结构。墙底面宽4～5m，上宽1.5～2m。土墙结构的后屋面，按照由内到外，依次为薄膜、玉米秸、薄膜、土等四层结构，上部厚0.3～0.5m，下部厚0.6～0.8m。若条件允许，整个后墙和后坡都用薄膜覆盖为宜。

（3）砖混结构。墙体的厚度应在1m左右，砖砌内外墙均为0.37m，中间留0.2～0.3m空心，随砌墙随填蛭石、珍珠岩、炉渣、聚苯板等。为使墙体坚固，内外墙体之间每隔3m左右砌砖垛，连接内外墙，也可用水泥预制

图1-2-8 日光温室的墙体建造

板拉连。对于砖混结构，其后屋面由内到外依次为预制水泥板、炉渣（或蛭石、旧草苫等）、聚苯板、毛毡等，用水泥抹面防雨雪渗漏，厚度为0.5～0.6m（图1-2-8）。

（4）钢架结构。需在前后屋面交界处（即脊高处）设一排立柱，并在前屋面距前沿3m处设一排活动立柱，以防大雪压垮温室前屋面。

2. 骨架材料

日光温室的骨架一般为钢架结构，也可以从节约成本的角度选用竹片、竹竿、圆木等材料建造温室，这种温室必须设立3～4排立柱，使用年限比较短，维护起来比较费力（图1-2-9）。

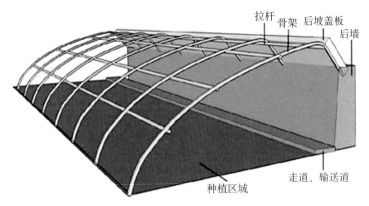

图1-2-9 温室骨架

二、覆盖材料

1.塑料棚膜种类及选用

塑料棚膜是日光温室、塑料大棚、中小型拱棚等保护地生产中用量最大的透明覆盖材料，具有透光、保温、轻便、易造型等特点，按照制造原料的不同，可分为三类。

（1）聚乙烯棚膜（以下简称PE膜）。具有质地柔软、易造型、透光性好、无毒的优点，缺点是保温性差、耐候性和结实度不如聚氯乙烯膜。这类棚膜主要有六种：普通PE膜、PE防老化膜、PE无滴防老化膜、PE保温膜、PE多功能复合膜和PE调光膜。其中，PE无滴防老化膜的无滴性、耐候性、透光性、保温性较好，防无滴效果可保持2～4个月，耐老化寿命可达12～18个月，比较适用于日光温室早春茬栽培（图1-2-10）。

（2）聚氯乙烯棚膜（以下简称PVC膜）。具有保温、透光和耐候性好，柔软易造型、耐酸耐碱、不易变质等优点，缺点是易吸尘，影响透光性，厚度大、成本高，易老化、强度下降。这类棚膜主要有PVC防老化膜、PVC无滴防老化膜、PVC耐候无滴防尘膜和PVC彩色膜四种。其中PVC防老化膜是塑料大棚、中小型拱棚的主要覆盖材料，PVC无滴防老化膜是日光温室应用较多的透明覆盖材料，PVC耐候无滴防尘膜对日光温室冬春季栽培更为有利（图1-2-11）。

图1-2-10　聚乙烯棚膜

图1-2-11　聚氯乙烯棚膜

（3）乙烯-醋酸乙烯共聚物树脂棚膜（以下简称EVA膜）。此类棚膜透光性、保温性、耐候性都强于PVC和PE棚膜，老化前不变形，用后方便回收，不易造成土壤和环境污染等优

点。主要有EVA三层复合无滴长寿膜、EVA三层复合防雾膜、EVA三层复合防病膜三种。其中EVA三层复合无滴长寿膜适用于早春茬和秋冬茬，EVA三层复合防雾膜适用于日光温室喜温果菜类生产，EVA三层复合防病膜能有效抑

图1-2-12　乙烯-醋酸乙烯共聚物树脂棚膜

止病菌孢子的形成，减少病虫害的发生机会，能促进光合作用，延缓蔬菜作物衰老过程，延长收获期，是日光温室理想的透明材料（图1-2-12）。

2. 地膜的种类及选用

厚度在0.01～0.02mm的聚乙烯膜，覆盖后可以提高土温，保持土壤水分，防止土壤板结，促进有机质分解，防除杂草，降低温室内空气湿度，减少病害发生，提高蔬菜产量和品质。目前，市场上的地膜主要有八种：无色透明地膜（图1-2-13）、黑色地膜（图1-2-14）、绿色地膜（图1-2-15）、银灰色反光地膜（图1-2-16）、红外地膜（图1-2-17）、杀菌地膜（图1-2-18）、黑白双色地膜（图1-2-19）和有孔地膜（图1-2-20）。

由于地膜种类不同，作用也有所不同，在应用时可根据不同地膜的特性来加以选择。无色透明地膜是目前应用最广的地膜。黑色地膜由于不透光，使膜下杂草不能光合作用而黄化死亡，适合夏季高温季节保湿除草用。有孔地膜可以改善土壤的通透性，有利于土壤气体交换；缓和土温，减轻高温伤害；调

图1-2-13　无色透明地膜

图1-2-14　黑色地膜

图1-2-15　绿色地膜

图1-2-16　银灰色反光地膜

图1-2-17　红外地膜

图1-2-18　杀菌地膜

图1-2-19　黑白双色地膜　　　　图1-2-20　有孔地膜

节土壤水分平衡，改善土壤生物学特性；防早衰，促早熟，增产效果明显，是当前保护地蔬菜生产主要推广的一种地膜。

3.不透明覆盖材料的选用

常用的不透明覆盖材料有草苫、保温被。草苫厚度要求5cm以上，若使用保温被，其保温性能应与草苫保温效果相当（图1-2-21）。

图1-2-21　草苫

第三章　日光温室的调控

第一节　温度调控

一、温度环境的特点

1.气温特点

正常情况下室内的最低温度不低于10℃，1月份的平均温度应达到可以随时定植喜温果菜的温度水平，在外界气温－15℃左右的情况下，室内外温差可达到25℃左右。在冬季遭遇数十天连续阴天的情况下，土干墙温室内的最低气温一般不低于8℃，或出现略低于8℃的气温，但连续时间不超过3d。日光温室的温度是随着太阳的升降而变化。晴天上午适时揭苫后，温度有个暂时下降的过程，然后便急剧上升，一般每小时可升高6～7℃；在14时左右达到最高，以后随着太阳的西下温度降低，到17～18时温度下降比较快。盖苫后，室温有个暂时的回升过程，然后一直处于缓慢的下降状态，直至次日的黎明达到最低。

2.地温特点

白天阳光照射地面，土壤把光能转化为热能，一方面以长波辐射的形式散向温室空间，另一方面以传导的方式把地面的热能传向土壤的深层。晚间，当没有外来热能供给时，土壤贮热是日光温室的主

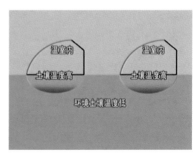

图1-3-1　温室土壤温度

要热量来源。土壤温度垂直变化表现为晴朗的白天上高下低，夜间或阴天为下高上低，这一温度的梯度差表明了在不同时间和条件下热量的流向。温室的地温升降主要在0～0.2m的土层里。水平方向上的地温变化在温室的进口处和温室的前部梯度最大。地温不足是日光温室冬季生产普遍存在的问题，每提高1℃地温大约增加2℃气温的效果（图1-3-1）。

3. 地温与气温的关系

日光温室中的空气主要是靠土地热量来提温的，有足够的地中热量通过温室效应就可以保持较高的空气温度。地温与气温的协调是日光温室优于加温温室的一个显著特点。土壤的热容量明显比空气大。晴朗的白天，在温室不放风或放风量不大的情况下，气温始终比地温高。夜间，一般都是地温高于气温。早晨揭苫前是温室一日之中地温和气温最低的时间。日光温室最低地温与气温的差距因天气情况而异。在连续晴天的情况下，最低地温始终比气温高5～6℃；连续阴天时，随着阴天的持续，地温与气温的差距越来越小，直到最后只有2～3℃或更小。连阴天气温虽然没有达到可能使植株受害的程度，但地温却降到了使根系无法忍受以致受到冻害的程度。

二、温度调控措施

温室内温度调控要求达到能维持适宜作物生长的设定温度，温度随时间变化平缓且分布均匀。其调控措施主要包括保温、加温和降温三方面。

1. 保温

温室内散热有三种途径。一是经过覆盖材料的围护结构（墙体、后坡、透明屋面等）传热。二是通过缝隙漏风的换气传热。三是与土壤热交换的地中传热。这三种传热量分别占总散热量的70%～80%、10%～20%和10%以下。各种散热作用的结果，使单层不加温温室和塑料大棚的保温能力比较小。即使它们的密封性能很好，其夜间气温最多也只比外界气温高2～3℃。在有风的晴夜，有时还会出现室内气温低于外界气温的逆温现象。

具体保温措施如下：

（1）减少通风换气量。

（2）多层覆盖保温。可采用温室大棚内套小拱棚（图1-3-2）、小拱棚外套中拱棚、大拱棚两侧加草帘，温室、大棚内加活动式保温幕等多层覆盖方法，都有明显的保温效果。

（3）把日光温室建成半地下式或适当降低温室的高度，缩小夜间保护设施的散热面积，也有利于提高室内昼夜气温和地温。

（4）温室内采用高垄覆膜栽培，多施有机肥，少施化肥，因为有机肥在分解过程中释放大量热量，提高温室内温度，化肥反之（图1-3-3）。

图1-3-2　大棚内套小拱棚　　　　图1-3-3　温室内高垄覆膜

（5）进入秋季温室宜早扣膜，保持历经一个夏季土壤当中积蓄下来的热能。在温室的前底部设置防寒沟，减少横向热量传导损失。尽量浇灌经过在温室预热的水，不在阴天或夜间浇水。

2．加温

温室内温度较低时要人工加热。常用的加热方式主要有炉灶煤火加温（图1-3-4）和锅炉水暖加温两种。

图1-3-4 温室炉灶煤火加温

3. 降温

（1）遮光降温法。遮光20％～30％时，室温相应可降低4～6℃。在与温室大棚屋顶相距0.4m左右处张挂遮阳网，对温室降温很有效。遮阳网多为黑色、绿色和银灰色（图1-3-5）。

图1-3-5 温室遮光降温

（2）屋面流水降温法。流水层可吸收投射到屋面的太阳辐射的8％左右，并能吸热冷却屋面，室温可降低3～4℃。硬质水需软化，以免水垢污染棚膜。

（3）喷雾降温法。

①细雾降温法。在室内高处以直径小于0.5mm的浮游性细雾，用强制通风气流使细雾蒸发达到全室降温（图1-3-6）。

图1-3-6 温室细雾降温

②屋顶喷雾法。在整个屋顶外不断喷雾湿润，使屋面下冷却的空气向下对流。

（4）强制通风法。大型日光温室因其容积大，可利用风机强制通风降温（图1-3-7）。

图1-3-7 风机强制通风降温

第二节　光照调控

一、光照环境特点

光照环境具有四方面特点：一是光照度小。棚内的光照度一般仅为露地自然条件下的60%～70%，尤其在寒冷的冬季、早春或阴雪天，透光率只有自然光的50%～70%。二是光照时数少。冬天及早春温室每天的日照时间不超过7～8h。三是光分布不均匀。水平分布呈现南部强，中间次之，北部最弱。四是垂直分布呈上强下弱。严重不足的光照会造成枝叶虚旺生长，光合强度降低，影响果品质量的提高。

二、光照调控措施

1. 改进温室结构，提高透光率

（1）选择适宜的建棚场地及合理的方位角。应选择南面开阔，东西无巨大遮阴物，避风向阳的地块，方位正南正北或是南偏东5°～10°。

（2）设计合理的屋面坡度和长度。日光温室后屋面仰角35°～40°为宜，前屋面与地面交角60°～70°，后坡长度1.56m。既保证透光率，又兼顾保温效果。

（3）合理的透明屋面形状。采用拱圆形屋面采光效果好。

（4）少用骨架材料。在确保温室结构牢固的前提下尽量少用材，用细材，最好采用无立柱全钢架结构，以免遮阴挡光。

（5）选用透光率高的透明覆盖材料。应选用防雾滴且持效期长、耐候性强、耐老化性强等优质多功能薄膜、漫反射节能膜、防尘膜（图1-3-8）、光转换膜等。

2. 加强温室管理措施

（1）保持透明屋面清洁干净。经常清除灰尘，以增加透光。适当放风，减少结露。减少光的折射率，提高透光率。

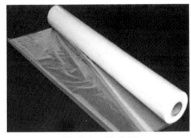

图1-3-8　防尘膜　　　　　　　　　图1-3-9　揭草苫

（2）科学揭盖草苫。在保温前提下，保温材料尽可能早揭晚盖，增加光照时间。在阴雨雪天，也应揭开不透明的覆盖物，以增加散射光的透光比例（图1-3-9）。

（3）适当稀植。合理安排种植行向。作物行向以南北行向为好；若是东西行向，则行距要加大。

（4）加强植株管理。对黄瓜、番茄等高秧作物适时整枝打杈、吊蔓或插架。进入盛产期时还应及时将下部老叶摘除，以防上下叶片相互遮阴。

（5）张挂反光膜。反光膜是指表面镀有铝粉的银色聚酯膜，幅宽1m，厚度在0.005m以上（图1-3-10）。在早春或秋冬季，张挂在日光温室离后墙0.50m左右的地方，将照到北部的阳光反射到前面，提高北部的光质量，并提高室内温度（图1-3-11）。

图1-3-10　反光膜　　　　　　　　　1-3-11　反光膜补光

3.人工补光

为满足作物光周期的需要，当黑夜过长而影响作物生长发育时，应进行补充光照。为抑制或促进花芽分化，调节开花期，也需要补充光照（图1-3-12）。

4.遮光主要有两个目的

（1）满足作物光周期的需要。

（2）降低温室内的温度。利用覆盖各种遮阴物，例如，遮阳网、无纺布、苇帘、竹帘等，进行遮光能使室内温度下降2～4℃（图1-3-13）。初夏中午前后，光照过强，湿度过高，超过作物光饱和点，对作物生长发育有影响时应进行遮光。在育苗过程中移栽后为了促进缓苗，通常也需遮光。遮光材料要求一定的透光率，较高的反射率和较低的吸收率。

图1-3-12　温室人工补光　　　　图1-3-13　温室遮光

第三节　湿度调控

一、土壤湿度的特点及调控

1.温室土壤湿度的特点

温室生产期间的土壤水分主要依赖于人工灌溉。土壤湿度由灌水量、土壤毛细管上升水量、土壤蒸发量及作物蒸腾量的大小决定。土壤蒸发出来的水分受到棚膜的限制，较少蒸发到大气中，生产相同的产量时，比露地用水量少。水气在棚膜上凝结后，水滴受棚膜弯曲度的限制而滴落到相对固定的地方，造成温室土壤水分的相对不均匀。

2. 温室土壤湿度的调控措施

温室土壤湿度的调控应当依据作物种类及生育期的需水量，体内水分状况及土壤湿度状况而定。适时适量灌溉，采用喷灌、滴灌等节水方式减少输入水量，控制温室内土壤湿度。

二、空气湿度的特点及调控

1. 温室空气湿度的特点

室内空气湿度主要受土壤水分的蒸发和植株体内水分的蒸腾影响。空气相对湿度比露地高，高湿是温室湿度环境的突出特点，特别是夜间随着气温的下降，室内空气相对湿度逐渐增大，往往达到饱和状态。多数蔬菜光合作用适宜的空气相对湿度为60%～85%，低于40%或高于90%，光合作用受抑制。

2. 温室空气湿度的调控措施

（1）通风换气。一般采用自然通风，调节风口大小、位置和通风时间，降低室内湿度。自然通风量不易掌握，且降湿不均匀。若条件允许可采用风机强制通风，便于掌握通风量和通风时间（图1-3-14）。

（2）加温除湿。保持叶片表面不结露，利

图1-3-14　通风降湿

于作物同化作用，并能控制病害的发生和发展。

（3）覆盖地膜。可减少地表水分蒸发而导致的空气相对湿度升高。

（4）科学灌水。采用滴灌或地下灌溉、膜下灌溉。灌水在晴天上午进行为宜。

（5）加湿。高温季节，室内空气湿度较低时，要采取加湿措施。例如，喷雾加湿、湿帘加湿等（图1-3-15）。

图1-3-15　湿帘温室

第四节　土壤调控

一、土壤环境特点

1.土壤盐渍化

设施内温度较高，土壤蒸发量大，盐分随水分的蒸发而上升到土壤表面，加上大棚长期覆盖，灌水量少，土壤不能受到雨水的冲淋，同时由于过量施用化肥更加重了盐分的积聚。设施利用时间越长，土壤盐渍化越重，最终影响作物的正常生长发育。

2.土壤酸化

由于化肥的大量施用，特别是氮肥的滥用，使得土壤酸度增加，pH下降制约了作物的生长发育。

3.连作障碍

长期连作，打破了土壤中养分的平衡，根系分泌物自毒现象严重，病虫害加剧。

二、土壤调控措施

1.科学施肥

（1）增施有机肥，有机和无机配合施用。

（2）选用尿素、硝酸铵、磷铵、高效复合肥和颗粒状肥料，避免施用含硫、含氯的肥料。

（3）基肥为主，追肥为辅，基肥深施，化肥分期施用。

（4）适当补充微肥。

2.实行必要的休耕

安排适当时间进行休耕，农闲时深翻土壤，改善土壤理化性质。

3.灌水洗盐

雨季去除温室顶膜，接受雨水淋洗，将土壤表面或表土层的盐分冲洗掉。必要时，可在温室内灌大水洗盐。

4.更换土壤

在土壤盐渍化严重或土传病害严重的情况下，迫不得已时，可采用更换新土的方法，改善温室土壤状况。

5.土壤消毒

利用甲醛、氯化苦、硫黄粉等药物处理土壤，以减少温室土壤中的病虫害。

第二篇
保护地蔬菜栽培技术

第一章 棚室迷你小黄瓜高产栽培技术

迷你小黄瓜因瓜体小而得名。其瓜条短棒形，一般长10～18cm，直径约3cm，重约0.1kg，表皮柔嫩光滑、色泽均匀，口感脆嫩，瓜味浓郁。迷你小黄瓜不仅是佐餐的佳肴，还具有较高的药用价值，又称水果型黄瓜。迷你小黄瓜结瓜多、瓜码密，每株多达50～60条。一般每亩产量67.5万～90万kg。迷你小黄瓜生育期短，棚室栽培一年可种植2～3茬，经济效益颇高（图2-1-1）。

图2-1-1 迷你小黄瓜

一、选用适宜的保护设施

不同保护设施的保温、采光性能差异较大，黄瓜的收获期也不尽相同，种植迷你小黄瓜要根据栽培季节选用不同的保护

图2-1-2　小拱棚

设施。春季和秋季延迟栽培可选用小拱棚（图2-1-2）、塑料大棚（图2-1-3）、日光温室（图2-1-4）等各种设施，越冬栽培宜选用保温性和采光性能较好的日光温室。

图2-1-3　塑料大棚

图2-1-4　日光温室

二、选用适宜的品种

迷你小黄瓜对温度和光照的要求，因品种而异，常见品种有荷兰翡翠小黄瓜F1（图2-1-5）、绿冠F1（图2-1-6）、胶东绿光（图2-1-7）、日本王子F1（图2-1-8）等。早春栽培宜选用前期耐低温、弱光，后期能适应高温环境、抗病、丰产品种；秋季延迟栽培宜选用前期耐高温、后期耐低温、抗病、结果集中

图2-1-5　荷兰翡翠小黄瓜F1

图2-1-6　绿冠F1

的品种；越冬栽培宜选用耐低温、耐弱光的品种。品种选用不当，易造成植株生长不良、坐瓜少、易发病、产量低等问题，严重时还可能绝产。

图2-1-7　胶东绿光F1　　图2-1-8　日本王子F1

三、嫁接壮苗

嫁接苗栽培既能保证迷你小黄瓜的优良性状又能发挥砧木的有利特性。砧木根系发达，吸收肥水功能和代谢功能较强，可提高迷你小黄瓜耐低温能力和抗病虫能力，促进雌花发育，延缓衰老，延长采收期，达到增产的目的，总产量较自根苗提高20%以上。嫁接黄瓜常用的砧木为黑籽南瓜（图2-1-9）和南砧1号等。嫁接栽培是越冬茬迷你小黄瓜成败的关键技术之一。

图2-1-9　黑籽南瓜

图2-1-10　床土配制

1.苗床准备

苗床培养土一般用肥沃的大田土调制，而不用常年种菜的菜园土，以避免重茬和将病原物、虫源带入苗床。将肥沃的大田土6～7份，腐熟的马粪、圈肥、堆肥3～4份，混合过筛。每立方米混合土中加入腐熟捣细的大粪干或鸡粪15～20kg，氮、磷、钾复合肥3kg、50%多菌灵粉剂0.1kg充分拌匀。砧木用营养钵育苗，接穗苗用育苗盘育苗。营养钵和育苗盘装好营养土后紧密排在苗床内待播（图2-1-10）。

2.播前种子处理

（1）晒种和选种。播种前1～3d，黑籽南瓜、迷你小黄瓜均需晒种，以促进种子成熟，提高发芽率，并杀死种子上附有的部分病菌（图2-1-11）。结合晒种，进行选种，剔除秕子、病虫子、破子，选留本品种饱满、健全、典型一致的种子。

（2）黑籽南瓜种子处理方法。将种子投入70～80℃的热水中，来回倾倒，水温降至30℃时，充分搓洗，洗掉种皮上的黏液。再于30℃温水中浸泡10～12h，捞出沥净水分，在30℃左右的温度下催芽，经1～2d可出芽（图2-1-12）。

图2-1-11　迷你小黄瓜晒种

图2-1-12　瓜子浸种

（3）迷你小黄瓜种子处理方法。将种子放入55℃的热水中，不断搅拌，至水温30℃时，取出种子，用纱布包好，反复揉搓，除去种皮上的黏液，洗净后放入清水中浸泡2h，然后用湿毛巾将种子包好，放于28℃恒温箱

图2-1-13　瓜子露白萌发

中，催芽12～16h。当黑籽南瓜种子、迷你小黄瓜种子"露白"率达75%时，停止催芽，降温晾干备播（图2-1-13）。

3. 播种

（1）播种期。迷你小黄瓜的播种期应根据种子发芽、出苗对温度的要求和栽培季节来确定。迷你小黄瓜种子发芽出苗的最适温为24～26℃，11℃以下不发芽。当设施内夜间最低气温稳定在12℃以上，地温15℃以上，就可以播种。早春栽培迷你小黄瓜应选在1月中旬至2月初在日光温室内播种育苗，秋延迟栽培应选在8月下旬至9月中旬播种育苗，越冬栽培应选在9月下旬至10月上旬播种育苗。黑籽南瓜的播种期应根据嫁接方法来确定。在迷你小黄瓜适播期内，黑籽南瓜的播期为：靠接法较黄瓜晚播5～7d，插接法比迷你小黄瓜早播4～5d。

（2）播种方法。将营养钵（图2-1-14）、育苗盘（图2-1-15）

图2-1-14　营养钵

图2-1-15　育苗盘

浇足水，待水落干后播种。用竹片在营养钵或育苗盘中间斜插1个小孔（角度约30°）、深1～1.5cm。用镊子把黑籽南瓜或迷你小黄瓜种子放入小孔中，胚根向下，每穴1粒，种子上覆1cm的营养土。早春栽培时，播后覆盖地膜，搭小拱棚，以保温、保湿，促进发芽。

4.播后嫁接前管理

瓜苗出土前，苗床温度保持白天25～30℃，夜间16～20℃，地温20～25℃。当幼苗出土时揭去地膜，以降低温度，防止出现高脚苗。从瓜苗出土至嫁接，苗床气温保持白天24～28℃，夜间15～17℃，地温16～18℃。棚室内空气相对湿度85%左右。

5.嫁接换根

嫁接方法主要有插接法（图2-1-16）、靠接法（图2-1-17）和劈接法（图2-1-18）等。

嫁接前应将竹签（粗0.2～0.3cm，长20cm，先端削尖）、刀片和手等接触物用70%的酒精消毒。迷你小黄瓜幼苗子叶展开、黑籽南瓜幼苗第1片真叶长至5分硬币大小时为嫁接适期，过早或过晚嫁接，都会造成嫁接苗成活率降低。

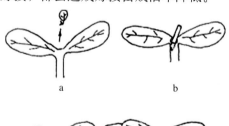

图2-1-16　插接法嫁接

a.砧木苗去心　b.砧木苗插心
c.接穗苗削切　d.插接

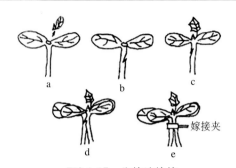

图2-1-17　靠接法嫁接

a.砧木苗去心　b.砧木苗削切
c.接穗削切　d.接合　e.固定接口

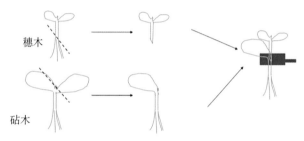

图2-1-18　劈接法嫁接

先用竹签拔掉黑籽南瓜幼苗的生长点，将竹签的先端紧贴南瓜苗的一片子叶基部的内侧，向另一片子叶的下方斜插，深度约为0.5cm，不可穿破南瓜苗表皮。然后用刀片从迷你小黄瓜子叶下约0.5cm处入刀，在相对的两侧面斜向下各切一刀，切面长0.5～0.7cm，刀口要平滑。最后将竹签从南瓜苗中拔出，并插入迷你小黄瓜接穗苗，插入深度以接穗苗削口

图2-1-19　嫁接苗

与南瓜苗插孔平齐为度。操作完成后,将嫁接苗转入网膜覆盖的苗床中培养(图2-1-19)。

6. 嫁接后管理

(1)温度。嫁接后床温白天保持在25~28℃,夜间18~20℃。一周后接口愈合,床温保持白天在20~25℃,夜间12~15℃。若床温低于12℃,应加强保温。

(2)湿度。嫁接前一天南瓜苗塑料钵要浇透水,嫁接时砧木及接穗苗均不宜有明水。嫁接后24h网膜内空气相对湿度控制在90%~95%,24~28h内控制在85%~90%。降温增湿不宜采用喷水法,以免影响伤口愈合。第二天开始,早晚或中午逐渐通风。在夏季高温季节可在膜下浇地下水(20℃),降温增湿效果明显(图2-1-20)。

(3)光照。嫁接当天,嫁接苗不宜见光,以免接穗苗失水过快而萎蔫。嫁接后第二天即可见散射光2h,以后每天增加1h。嫁接苗成活后,要及时去掉砧木生长点处的再生萌蘖(图2-1-21)。

图2-1-20 膜下滴灌

图2-1-21 砧木的再生萌蘖

四、定植

1. 定植田的整地与施肥

定植田每亩*施腐熟农家肥2 000~2 500kg、过磷酸钙100kg、

---

* 亩为非法定计量单位,1亩=1/15hm² ≈ 667m²。——编者注

三元复合肥30～50kg。将肥料均匀撒于地表后，深耕0.3m以上，将地平整后做畦。畦宽1.1m，沟宽0.4m，畦高0.25m。

2.定植

选择晴天进行定植，待嫁接苗达2～3片真叶，且地温稳定在13℃以上，即可定植（图2-1-22）。在畦内开两条深约10cm的沟，沟间距60cm，顺沟浇水，按30cm的株距将苗钵摆在沟内，每亩56.2万～67.5万株。待水渗下后，用沟两侧的土封沟。移苗时不要散坨，栽植不要过深，以免影响缓苗。夏、秋栽培中，因气温高，幼苗生长快，除采用育苗方式外，也可采取大田直播（图2-1-23）。

图2-1-22 二叶龄嫁接苗

图2-1-23 嫁接苗定植

五、田间管理

1.肥水管理

定植后至根瓜坐住，一般不施肥。当根瓜10cm时，施用催瓜肥，浇催瓜水。每亩追施氮、磷、钾复合肥30～35kg。进入结瓜期后（图2-1-24），每15d追肥一次，可将氮、磷、钾

图2-1-24 结瓜期

三元复合肥（30～35kg）或尿素（15～20kg）与鸡粪（300kg）交替施用。施肥的主要方式是随水膜下追施。浇水时间应掌握低温季节上午温度高时浇，高温季节在早晨或傍晚浇。

巧用叶面肥。叶面肥作为一种辅助性的施肥，具有用量少、见效快的特点。对于生长中后期的黄瓜植株，有防止早衰、促进早熟的作用。喷施叶面肥宜早不宜迟。试验证明，盛果期喷施20mg/L防落素，可增产24%；喷施1%食醋，能增产18%～20%。结瓜中后期喷施0.3%磷酸二氢钾或90mg/L叶面宝，能延长瓜秧生长期，促花多花大（图2-1-25）。

图2-1-25　喷施叶面肥

2. 加强棚室内温度、光照管理

冬春季定植后，缓苗前不通风，保持白天棚温在28～30℃，夜间15～18℃。缓苗后适当通风降温，以促进雌花的发育。结瓜后上午8～13时棚温控制在25～30℃，13～17时棚温25～20℃，17～24时棚温20～15℃，0～8时棚温15～12℃。秋延迟栽培定植后，可覆盖塑料薄膜防雨，并保证最大通风量，后期注意保温防冻。外界最低温度在15℃以下时，夜间盖好塑料薄膜，必要时还要覆盖保温覆盖物。

冬春季节光照不足，在保证温度的前提下，不透明覆盖物要早揭晚盖，延长迷你小黄瓜的见光时间。在棚内后墙前张挂反光幕，必要时可考虑临时补光。在光照很强的季节，或定植后缓苗阶段黄瓜苗发生萎蔫时，要适当遮阴。

3.牵蔓

当黄瓜植株长至20cm（即7～8片真叶）时，将细绳一头挂在温室上面的铁丝上，另一头拴在黄瓜真叶以下的茎基部进行牵蔓，随时缠蔓、绑蔓，使植株向上生长。

4.整枝

一般定植后20d开始整枝。从茎基部以上4片叶子内的侧枝、雌雄花、幼瓜全部打掉。生长势弱的植株要及早摘除根瓜，以促进长秧；生长势旺的植株，根瓜可适当晚摘，以控秧促结果。4片叶子以上的各节只去除侧枝、卷须、多余的雌花，不摘瓜，每叶只留1瓜。随着秧蔓的生长，及时摘除植株底部的老叶、黄叶。

5.落蔓

待黄瓜植株长至2m左右时落蔓。把绳子拴在从地面往上数第4片叶处的茎基部，打去基部老叶。以后适时落蔓，及时将瓜蔓回盘到植株根际周围，使龙头（生长点）离地面始终保持在适宜高度，不超过2m，处于最佳受光状态。落蔓时，尽量使各植株的龙头高度一致。

6.人工授粉

迷你小黄瓜为雌雄异花作物，露天栽培时，依靠传粉昆虫传粉。棚室栽培时，传粉昆虫较少，雌花授粉不良，坐果率低，落花、落果严重，影响产量的提高。人工授粉能提高黄瓜结实率，促进果实发育

图2-1-26　迷你小黄瓜人工授粉

（图2-1-26）。可在每天上午8时左右，摘取当天开的雄花放在容器内，用毛笔蘸取花粉，涂在雌花柱头上。

7.黄瓜套袋

黄瓜套袋能阻止害虫叮咬，减少病害，并能隔离农药污染，达到无公害黄瓜生产的目标。套袋后瓜条顺直美观，粗细均匀，色泽嫩绿，商品性好，畸形瓜明显下降，生长速度加快，比不套袋的黄瓜能提前1～2d上市。黄瓜采摘后取袋即可鲜食，鲜香脆嫩，营养丰富，品味颇佳。黄瓜套袋特别适合在采摘园和观光农业园区使用。套袋内温度高、湿度大，瓜条保鲜期长、耐运输，采摘后可直接送往饭店或超市销售。

黄瓜的套袋呈长筒状，长约20cm，直径约5cm，是一个上端为套入口、下端留有一个透气孔的聚乙烯塑料袋。当迷你小黄瓜长到4cm左右时，轻轻吹开套袋的套口，将瓜条置于袋中，再固定袋口，并将袋体拉平展。套口宜小不宜大。

8.防治病虫害

棚室内温、湿度较高，容易发生病虫害。迷你小黄瓜常见的病害有霜霉病（图2-1-27）、白粉病（图2-1-28）、细菌性角斑病（图2-1-29）等，可用百菌清、雷多米尔、农用链霉素等药剂防治；迷你小黄瓜常见害虫有蚜虫（图2-1-30）、斑潜蝇（图2-1-31）、白粉虱（图2-1-32）等，可用吡虫啉等药剂防治。

图2-1-27　迷你小黄瓜霜霉病　　　　图2-1-28　迷你小黄瓜白粉病

图2-1-29　迷你小黄瓜细菌性角斑病

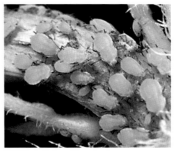

图2-1-30　蚜虫

图2-1-31　斑潜蝇

图2-1-32　白粉虱

六、适时采收

迷你小黄瓜在开花后3～4d内生长缓慢，开花后5～6d急剧膨大，10d后膨大又趋缓慢。一般在开花后7～10d达到采收期。迷你小黄瓜以嫩果供食，当瓜条长度达到15cm左右，而种子和表皮尚未硬化时，就要分期采收，每季采收期约5个月。收获过晚则影响品质，同时会延缓下一个瓜的发育（图2-1-33）。

图2-1-33　迷你小黄瓜适时采收

第二章 保护地番茄栽培技术

番茄作为一种广受人民喜爱的食物，不仅口感极佳，同时还富含大量的营养物质（维生素、胆碱、蛋白质以及微量元素等）。番茄的市场需求非常大，种植也较为广泛。

图2-2-1 番茄

一、番茄选种

选种是大棚番茄种植技术的关键环节之一，只有选好品种，才能保证番茄的产量以及植株的存活率。因此大棚番茄在选种时，要注意选择高产、抗病性强的品种。通常情况下可以选择植株较高、果实个头相对较大的品种。在目前的大棚番茄品种中，苏抗7号、中蔬4号（图2-2-2）、粉特2号（图2-2-3）、中杂4号、扬州红、冀番2号等是比较好的品种。

图2-2-2　中蔬4号

图2-2-3　粉特2号

二、育苗及管理

1.苗盘和营养土准备

苗盘选择直径5cm的50孔穴盘（图2-2-4）。营养土选择由草炭、蛭石和珍珠岩三种物质混合而成的成品基质。

图2-2-4　50孔穴盘

2.选择适宜的播期

保护地栽培有秋延迟栽培和冬春茬栽培。秋延迟育苗适期在6月底7月初，苗龄在25d左右，成熟果上市在10月上旬至翌年元月底结束。冬春茬育苗适期在8月底9月初，苗龄在40d左右，成熟果上市在翌年2月初至5月底，也可延续到7月底或8月初结束。

3.种子处理

播种前先将精选后的种子，晒种2～3d，然后用50～55℃温热水烫种20～25min，再放入25℃水中浸泡6～8h；然后，用清水浸泡6～8h，用磷酸三钠溶液浸泡20min，再用清水洗净，以便杀死种子表面的烟草花叶病毒。最后，对处理过的种子催芽或直接播种。

4.播种及苗床管理

基质装入苗盘后，每穴点播一粒处理后的种子，深约0.5cm，而后喷清水，并在苗盘表面覆盖一层报纸（也要喷湿）保湿，一般播后一周内可出苗。当苗出齐后，需用72.2%的普力克1 000倍液防猝倒病。夏季为降低叶温要进行遮光处理，每天早上喷水一次，每次全部浸湿苗盘基质，以底部开始渗漏水滴为宜。如果是在高温干燥环境下每天可早晚两次喷水；在低温日照时间短的情况下，以少喷水为宜，喷水多少根据天气情况来定，既要防止高温缺水干旱，也要避免低温水多沤根。定植前主要是控制水分，加强光照、变温管理，提高秧苗素质。定植前1～2d要浇水，并喷一次雷多米尔600倍液加噻虫嗪3 000倍液预防病虫。

三、建棚整地

1.搭建大棚

7月底前一定要搭建好冬暖式大棚。大棚规格为长40m以上、宽9m或8m。针对冬春季节存在低温、弱光、地下水位高等客观原因，冬暖式大棚结构要进行改进（图2-2-5）。即：改土墙为砖墙，并采用二层空心砖代替土墙保温；改大棚朝向为正南或正南偏东5°～15°；大棚跨度为9m或8m；大棚北墙开通风窗；大棚一侧建工作室及用具房。

图2-2-5　冬暖式大棚

2.土壤环境

选择土层深厚、肥力较高、疏松通气、保水保肥力强、土壤有机质在3%以上、pH在6.5～7.5的肥沃土壤,大气、水、土壤无污染,生态环境良好的区域。

3.整地做畦

大棚应提早一个月深翻晒垡,结合深翻施足基肥,基肥以有机肥为主,每亩施腐熟的猪牛栏粪或鸡粪10 000kg,化肥避免施用硝态氮类肥料,可每亩施硫酸钾型生态控释肥50kg,或施用硫酸钾型氮、磷、钾复合肥,硼镁肥和锌肥,并按每畦1.2～1.4m做成高畦(图2-2-6)。

图2-2-6　整地做畦

四、定植与管理

冬春茬番茄的定植时间为10月底至11月初。

(1)定植方法及密度。采用起垄栽培、地膜覆盖,中早熟品种行株距60cm×30cm,每亩定植3 700株;中晚熟品种行株距70cm×35cm,每亩定植2 750株。定植后7d浇返苗水,进入12月份第一穗果坐齐膨大期,开始浇水,每亩施15kg磷酸二氢钾,翌年2月初气温回升后第二、三穗果膨大期浇第二水,结合浇水追肥，每亩穴施150kg豆粕有机肥加磷酸二铵或硫酸铵，以后每浇一次水，随水冲施一些含量高的氨基酸或腐殖酸液肥。

（2）植株调整。采取单干整枝吊蔓法控制植株，当主干坐果4～5穗时可留2叶摘心，同时摘除底部老叶，促进生殖生长。当最顶穗果实膨大后，两叶间长出腋芽时，让腋芽继续生长再留4穗果，此种二次坐果管理为延续生长。

（3）保花疏果。番茄在冬季不易坐果，采取防落素保花促进坐果，坐果后为保障番茄产品质量要适当疏果，大果型每穗留3～4个果，中小型果每穗留4～6个果。

（4）采收松秧。果实自然成熟后及时分批采收，减轻植株负担，保证番茄品质。采收后根据植株上部生长空间，适当把植株斜拉放秧，调整延续坐果植株正常生长（图2-2-7）。

图2-2-7　番茄盛果期

五、病虫害防治

番茄的整个生育期的主要病害有灰霉病（图2-2-8）、早疫病（图2-2-9）、叶霉病（图2-2-10）、褐斑病（图2-2-11）、细菌性斑疹病（图2-2-12）、溃疡病（图2-2-13），主要虫害有斑潜蝇、白粉虱、蚜虫等。可采用1.8%的阿维菌素600倍液、10%的吡虫啉1 000倍液防治。

图2-2-8 番茄灰霉病

图2-2-9 番茄早疫病

图2-2-10 番茄叶霉病

图2-2-11 番茄褐斑病

图2-2-12 番茄细菌性斑疹病

图2-2-13 番茄溃疡病

1.苗期

番茄苗期重点防治病毒病等病害，可采用种子、土壤消毒方法，也可利用防虫网、遮阳网、防雨棚等物理防护措施，并在定植前喷一次甲霜灵·代森锰锌500倍液加噻虫胺3 000倍液（预防疫霉性根腐病和烟粉虱）。

2. 定植至结果初期

番茄定植前期重点防治病毒病，定植后期防治灰霉病、早疫病、叶霉病、褐斑病、细菌病害及其他病害。药剂防治可采用定植后15d左右喷40％百菌清600倍液，或甲霜灵·代森锰锌500倍液加20％病毒A 600倍液，或嘧菌酯3 000倍液，以后每隔15d喷一次。

3. 结果期

前期留镰孢菌根腐病（死棵）、早疫病、叶霉病是预防重点，11月份重点预防灰霉病和晚疫病。药剂防治可采用50％速克灵可湿性粉剂1 000倍液、64％杀毒矾可湿性粉剂800倍液、75％百菌清可湿性粉剂600倍液、58％甲霜灵·锰锌可湿性粉剂（瑞毒霉）500倍液、10％苯醚甲环唑1 500倍液、50％扑海因悬浮剂或可湿性粉剂1 000 ～ 1 500倍液等，每15d一次交替使用。

第三章　拱棚甜瓜栽培技术

甜瓜属于葫芦科黄瓜属一年生蔓性草本植物。由于甜瓜汁多、味甜，清凉爽口，是夏季消暑佳品，深受老百姓的喜爱。

一、品种选择

选择早熟、优质、丰产、抗病、耐低温、耐湿、耐弱光的品种，例如，景甜208（图2-3-1）、盛开花（图2-3-2）、庆甜2002（图2-3-3）、永甜2008（图2-3-4）等。

图2-3-1　景甜208

图2-3-2　盛开花

图2-3-3　庆甜2002

图2-3-4　永甜2008

二、培育壮苗

1. 营养土的配制

一般 $1m^3$ 营养土加腐熟有机肥 $35 \sim 50kg$，硫酸钾复合肥（氮、磷、钾各占15%）$1.5 \sim 2kg$，钙镁磷肥50kg或过磷酸钙20kg，草木灰20kg，多菌灵可湿性粉剂0.25kg，做到土、肥、药充分混匀。

2. 播期

大拱棚的播期一般在1月25日前后，中拱棚（棚净宽 $2.5 \sim 3m$）播期在2月上旬，小拱棚（棚净宽2m以下）播期在2月中旬。

3. 种子处理

（1）播前选种。选好的种子放在阳光下晒 $2 \sim 3d$，以促进种子内部的活力，提高种子的发芽率。

（2）温烫浸种。将种子放入 $55 \sim 60℃$ 热水中进行烫种，不停搅拌直至水温降至30℃，然后将种子放在 $20 \sim 30℃$ 温水中浸种 $6 \sim 8h$，用水搓洗干净种皮上黏液，消除发芽抑制物质，并用清水冲洗干净；再用0.1%高锰酸钾溶液进行消毒15min，用清水冲洗干净（图2-3-5）。

（3）催芽播种。把消过毒的种子用清洁、湿润的纱布或毛巾包好，放在 $28 \sim 30℃$ 的恒温条件下进行催芽。在催芽过程当中要注意保温和保湿，当有50%以上的芽长至0.3cm时便可以播种，切勿催芽过长。如果遇到天气不适宜播种时，将种子摊开盖上湿布，温度保持在 $10 \sim 15℃$，当天气好转时立即播种（图2-3-6）。

4. 育苗棚和苗床建造

早春拱棚甜瓜育苗时间正处冬季，气温较低，应建在避风向阳且能排能浇的地方。用普通拱棚育苗应采用"草苫＋大（中）拱棚＋草苫＋小拱棚"四层覆盖（图2-3-7），最好用改良

图2-3-5　甜瓜种子温烫浸种

图2-3-6　种子萌芽

阳畦育苗。阳畦后墙体高1～1.2m，墙厚0.6m，中间回填土或者其他的防寒物，两边砌山墙，长度一般视育苗多少而定。育苗床应采用温床，主要温床类型有电热温床、燃煤炉温床、秸秆生物反应堆温

图2-3-7　四层覆盖育苗

床等。根据栽培面积、密度和每平方米育苗面积确定育苗床面积。一般育苗数量应比栽培数量多15%～20%。育苗床床底应平整，床宽度为1.2～1.5m，深0.15～0.20m。

5．播种

甜瓜播种前10～15d进行扣棚增温，5～7d将苗床浇足底墒水，使营养土湿透。播种时将催出芽的种子平放在营养钵中（图2-3-8），切勿直放，以免带帽出土（图2-3-9），影响生长势，覆盖0.5cm厚的药土，最后覆上地膜。也可以事先在营养钵中扎一个0.5cm深的小洞，把种芽放到洞中，然后覆盖药土和地膜。播后一定要保证苗床的温度，以免因温度过低影响出芽。

图2-3-8 甜瓜播种

图2-3-9 甜瓜戴帽出土

6.苗床管理

（1）发芽期。气温控制在28～35℃，地温在15～20℃。如遇连阴天，应采取加温措施，提高苗床温度，促进早出苗，快出苗，但应防止地温过低烂种。子叶拱土时及时撤去薄膜，并降低温度，以防徒长形成高脚苗，白天气温22～25℃，上半夜气温15～18℃，下半夜气温8～12℃。发现个别种子出土时种壳露出地面，应及时向床面上撒一层细潮土，防止种子戴"帽"出土。

（2）成苗期。两片子叶展平至2～3叶1心为甜瓜成苗期，要求温湿度、肥水适宜，光照充足，避免秧苗徒长，以利促根壮秧保花。温度白天保持在25～32℃，前半夜（22点前）在15～18℃，后半夜在5～10℃，适宜地温在15～17℃。温度调节通过放风与保温防寒来进行，放风原则是室外温度高时大放，低时小放，一天内从早到晚的放风量由小到大，再由大到小。如连续阴天，应注意防寒保温，争取光照。久阴初晴天时，也不宜大揭大放，如一时蒸腾量过大，就会引起萎蔫甚至死亡。成苗后期由于温度的升高和通风量加大，水分散失较快，苗床和营养钵水分不足时应及时补充水分。浇水要选择在晴天的上午进行，浇水量要足，使苗床和营养钵湿透，防止大水漫灌，造成营养土板结（图2-3-10）。营养土配制全面，苗期一般不缺肥，幼苗1叶1心后（图2-3-11），如发现叶片瘦弱发黄可喷施0.1%尿素或随水冲施。营养钵育苗要注意光照调节，一般按瓜苗大小排列，小苗放到温光条件较好的苗床中部，大苗则放到苗床四周。生长后期，适当加大苗距，扩大幼苗见光面积。每次倒坨后，如有伤根现象，应注意喷水，防止秧苗萎蔫。定植前3～5d加大通风量，对秧苗进行降温锻炼。秧苗定植前一天，育苗床环境应基本与定植棚条件一致。

图2-3-10　补水　　　　　图2-3-11　2叶1心幼苗

三、定植前的准备

1. 大（中、小）棚的构造

一般大棚宽6～12m，棚高1.5～2.2m；中拱棚宽3～5m，高1～1.5m；小拱棚宽3m以下，高1.2m以下。大（中）棚骨架是由"一柱三杆"组成，即立柱、纵向拉杆、拱杆和薄膜上的压杆，小拱棚没有立柱。以南北大棚为例，立柱用6cm左右粗的木（竹）杆制成，承担棚架及薄膜草苫的重量，承受风雪负载。每排立杆由4～6根组成，东西向柱距离为2m，南北方向距离为2～3m。如果是6根立柱，中间2根叫中柱，再两旁的2根叫侧柱。比中柱矮30cm，再两旁的2根叫边柱。立柱均埋入地下30～40cm。拉杆是纵向连接立柱，承担拱杆、压杆的横梁。一般用5～6cm粗的竹竿制成。拉杆直接固定在立柱顶端上，或固定在立柱下方20cm处，形成悬梁吊柱式，吊柱用木棒锯成30cm长的小支柱。顶端锯成凹形承放拱杆，下端钻孔固定在拉杆上。小支柱间距1～1.2m。拱杆是支撑塑料薄膜草苫的骨架，用2～3cm粗的竹竿或5cm宽竹片制成。拱杆固定在立柱上，呈自然拱形，两端插入地下，深20～25cm。立柱、拉柱、拱杆装好后，扣上塑料薄膜，在每两道拱杆之间的薄膜上压一根长竹竿或压膜线也就是压杆，压杆压紧后，两端固定在大棚两侧，预埋在土中的地锚或木楔上。

2. 大（中、小）棚的特性

（1）保温性差异。多层覆盖大（中、小）棚具有良好的保温性，因草苫、棚膜、地膜、多层覆盖物和棚的蓄热量，使棚内的温度明显高于外界。一般天气，大棚清晨高于外界3～5℃，中、小棚高于外界1～3℃。大棚的保温性能优于中、小棚。

（2）需肥量较大。拱棚甜瓜种植密度较大，生育期较短，所以必须重施有机肥，避免后期出现脱肥现象。一般亩施充分腐熟的优质厩肥5 000kg，并适当配施三元复合肥50kg，硫酸钾25kg。整地时一般做畦宽1.2m的高畦栽双行，株距0.6～0.7m，或者整成宽0.9m的高畦，株距0.4～0.5m的单行栽植。

四、定植及定植后的管理

1. 定植时间

甜瓜的大棚定植一般在2月下旬，中棚在2月底至3月初，小棚在3月中下旬。甜瓜定植应掌握三看：一看甜瓜苗龄，甜瓜的苗龄一般30～40d，生理苗龄2～3叶1心，进行低温锻炼后便可以进行定植；二看棚内的地温，10cm地温稳定在12℃以上；三看天气晴好，冷尾暖头，定植后3～5d光照充足。

2. 定植密度及定植操作

甜瓜定植前10～15d，进行扣棚增温。根据甜瓜品种及整枝方式的不同，确定不同的栽培密度，例如，"盛开花"，亩栽

1 500 ～ 1 800株；"景甜208"，亩栽1 500 ～ 1 700株。定植时要适当进行遮阴，避免光线太强造成萎蔫。定植时往穴里浇水，浇水量以浇透为准，当穴里水快要渗完时栽苗。或者栽完后再浇透水，栽植时一定要浅栽，切勿栽植过深，以免造成缓苗困难。定植后根据土壤的干湿度确定是否需要及时覆盖地膜，如果土壤墒情适合覆盖地膜，地膜覆盖得越早，地温升得越快，根系下扎越快，缓苗就越早。覆盖地膜后可以降低棚内空气湿度，减少病害的发生（图2-3-12）。

图2-3-12　定植苗

3. 定植后的温度管理

　　甜瓜定植后前期以保温为主，白天棚温一般在28 ～ 30℃，夜间在17 ～ 19℃，以利于缓苗。在保证正常温度下，草苫要进行早揭晚盖，尽量延长光照时间。开花坐果前，白天棚内温度在28 ～ 30℃，夜间温度15 ～ 17℃。坐果后，白天棚内温度25 ～ 30℃，夜间温度

图2-3-13　温度管理

13 ～ 15℃，加大昼夜温差，利于干物质的积累，提高甜瓜的品质（图2-3-13）。

4.定植后的肥水管理

甜瓜是一种既不耐旱又不耐涝的作物,所以应根据不同的气候、土壤和甜瓜不同的生长期进行不同的肥水管理。定植时浇足定植水,一般开花前不再浇水,避免因水分过多,造成植株徒长,降低植株的抗逆性,造成沤根和返根(即土壤表层出现大量的根,而根系下扎缓慢,影响了植株长势)现象。如果过于干旱,可在开花前7~10d浇初花期水,坐瓜后待甜瓜长至鸡蛋大小时加大肥水冲施量,确保甜瓜快速成型。一般亩施优质的三元复合肥15~20kg、尿素10kg或15~20kg的硫酸钾冲施肥,整个果实膨大期冲施肥2次。膨果期浇水要适当,既防止过于干旱,又防止灌水量过大(图2-3-14)。甜瓜灌水的原则是坐瓜前不浇水或少浇水,坐瓜后及时浇灌肥水,灌水一般在晴天上午进行,掌握地面干湿交替原则。采收前7~10d停止浇水,以提高甜瓜的品质。

图2-3-14 甜瓜膨大期

5.植株调整

整枝是甜瓜田间管理的一项重要措施,通过植株调整可以使其得到合理均衡的发展,既节省养分,又能改善光照条件。

根据土壤肥沃程度、品种特点、留瓜数量、栽培目的，常采用双蔓整枝和三蔓整枝两种方式。

（1）双蔓整枝。瓜苗3～4片叶摘心，选留两条健壮子蔓。子蔓4片叶摘心，每条子蔓最多留1个瓜，孙蔓留2～3个瓜，整株留瓜平均3～5个。孙蔓坐瓜后留1叶摘心，没坐住瓜的孙蔓摘除，以后视情况再行整枝。

（2）三蔓整枝。三蔓整枝在瓜苗4片叶时摘心定蔓，选留3条健壮子蔓作结果蔓。前两条子蔓3片叶摘心，最后一条子蔓2叶摘心。根据不同品种的结果习性，每条子蔓或孙蔓选留1个瓜，每株留瓜4～5个。没坐瓜孙蔓去掉，孙蔓坐瓜后留1叶摘心。

甜瓜整枝宜采用前紧后松的原则，即坐瓜前后严格进行整枝打杈，对于留果蔓在雌花开放前3～5d，在花前保留1片叶进行摘心。而瓜胎坐住后，在不跑秧的情况下，不再进行整枝，以保证有较大的光合面积，促进瓜胎膨大，防止早衰。

图2-3-15　甜瓜整枝

6.生长调节剂处理和人工授粉

设施栽培中的甜瓜由于受到环境条件的影响需进行人工授粉或者生长调节剂处理。生长调节剂常用2,4-D或坐瓜灵，一般在温度高时采用低浓度处理，而温度低时采用高浓度处理。对刚用药剂处理过的瓜胎，要用手指轻弹一下瓜柄，把留在瓜胎上面的药滴弹出，避免药剂残留量过大，可以有效地防止畸形瓜的出现（图2-3-16）。无论使用何种浓度的生长调节剂，对瓜胎进行处理时都不要滴在叶面上，以免造成药害，影响植株的正常生长。甜瓜植株的雄花数量很多，为了提高坐果率也可以采用人工授粉，人工授粉可以采集当天清早开放的雄花，剥开雄花花瓣，将雄花轻轻地在雌花的柱头涂抹（图2-3-17）。

图2-3-16　甜瓜结瓜

图2-3-17　甜瓜人工授粉

五、适时采收

适时采收充分成熟的果实，才能确保甜瓜固有的香、甜、脆的品质。采收过早，会导致果实的含糖量降低，香味不足，甚至还有苦味。采收过晚，会导致果肉组织胶质分离，细胞组织软绵，风味不佳，降低食用价值，影响口感。因此，采收的标准十分重要，一般应掌握以下几种方法：一是计算果实的发育天数。一般薄皮甜瓜早熟品种从雌花开放到果实发育成熟需28d左右，中熟品种30d左右，晚熟品种35d左右。如果光照充足，温度保持较好，成熟期还可以提前2～3d。如果遇到长时间的低温寡照，有效积温达不到成熟所需要的温度，还会相应推迟收获期。二是观察瓜柄。瓜柄附近若有茸毛脱落，近脐部开始变软，瓜柄与瓜的连接处易出现脱落现象，或者出现自然脱落，表示瓜已成熟。三是根据果实的外观特征进行判断。一般果实成熟后都表现出该品种固有的色泽、花纹、香味、甜度等，例如，景甜208退绿变白略微带黄；景甜1会出现与瓜柄脱落现象（图2-3-18）。

图2-3-18　甜瓜成熟

六、病虫害防治

1. 甜瓜蔓枯病及防治方法

甜瓜生长的中后期发病较重，危害甜瓜的瓜蔓、叶柄、叶和果实。瓜蔓上染病后，发病部位呈水浸状青色，向上向下发展，严重时分泌出褐色液汁；另外，蔓枯病菌还极易在叶柄与叶子的交叉部位感染，变褐、腐烂。

防治方法：

①棚内切忌大水漫灌，采用放风、浇小水等措施降低棚内湿度。

②甜瓜定植后，用75％百菌清可湿性粉剂500倍液或25％嘧菌酯悬浮剂1 500倍液或68.75％噁唑菌酮·代森锰锌可湿性粉剂1 000倍液叶面喷施进行保护，10～15d一遍。

③发病后，用10％苯醚甲环唑水分散颗粒剂（噁醚唑）1 500倍液或40％氟硅唑乳油6 000～8 000倍液进行治疗。如需在发病部位进行涂抹，用药浓度要加大（图2-3-19）。

图2-3-19　甜瓜蔓枯病

2.甜瓜细菌性溃疡、叶斑病和果腐病防治方法

甜瓜常见病有细菌性溃疡、叶斑病（图2-3-20）和果腐病（图2-3-21）。

图2-3-20　甜瓜叶斑病　　　　图2-3-21　甜瓜果腐病

防治方法：

①降低棚内湿度。一是要注意浇小水，防止大水漫灌。二是加强通风。

②将发病的死棵或病果及时摘除出去。

③用77％氢氧化铜水分散粒剂500～600倍液喷施地上部或灌根进行预防和治疗。药剂灌根时间在甜瓜定植后半个月，甜瓜高度30cm左右。

④铜制剂对甜瓜的个别品种可能敏感，故叶面喷施时应慎用。

3.甜瓜白粉病及防治方法

病原菌主要危害甜瓜的叶片，首先产生白色的霉斑，严重时在叶片上覆盖一层白色粉状物（图2-3-22）。

防治方法：参考甜瓜蔓枯病防治方法。

4.甜瓜霜霉病及防治方法

高温、高湿是导致甜瓜霜霉病发生的主要原因。发病初期，在叶子上产生黄色病斑，病部水浸状，后变为多角形黄褐色病斑，湿度大时，在病斑的背面出现灰紫色霉层，但不如黄瓜霜霉病的黑色霉层明显（图2-3-23）。

防治方法：

① 尽量降低棚内的湿度。例如，浇小水勤浇，忌大水漫灌。

② 发病初期，用58％甲霜灵·锰锌可湿性粉剂（瑞毒霉）600倍液或52.5％噁酮·霜脲氰水分散颗粒剂2 000倍液或64％杀毒矾超微可湿性粉剂500倍液进行治疗，7 ～ 10d一遍。

③ 发病前，用25％嘧菌酯悬浮剂1 500倍液或68.75％噁唑菌酮·代森锰锌1 000倍液进行预防，10 ～ 15d一遍。

图2-3-22　甜瓜白粉病

图2-3-23　甜瓜霜霉病

5.甜瓜蚜虫和温室白粉虱防治方法

蚜虫和白粉虱主要是通过刺吸式口器危害甜瓜的叶和果。当虫害发生严重时，害虫产生的排泄物会在叶上或果面上形成灰色霜层，严重影响甜瓜的生长和品质。所以当害虫出现时，应及时进行防治。

防治方法：

①用黄板诱杀。

②用1.8％阿维菌素乳油3 000倍液喷雾。防治温室白粉虱时，用药时间以早晨、傍晚最佳。

第四章　大棚草莓栽培技术

草莓是蔷薇科草莓属多年生草本，又名凤梨草莓、红

图2-4-1　草莓

莓、洋莓、地莓等（图2-4-1）。草莓营养丰富，具有明目养肝的作用，可以助消化、加快肠道蠕动。草莓的营养成分容易被人体消化、吸收，多吃也不会受凉或上火，是老少皆宜的健康食品。草莓含有丰富鞣酸，在体内可吸附和阻止致癌化学物质的吸收，具有防癌作用（图2-4-2）。

图2-4-2　草莓采摘

一、土地准备

堆放腐熟并经高温杀菌处理的猪、羊、兔、鸡粪等有机肥，并加适量的化肥施入大田。每亩施肥量为有机肥500kg，菜籽饼100kg，复合肥（含硫）50kg，尿素10kg。施肥后灌水精耕细作，把肥充分拌入土壤，待田水自然落干后再整畦做垄。垄畦做好后，喷施除草剂。用噁霉灵加敌百虫，进行一次土地消毒杀虫工作，以减少土地病虫害的发生。

二、定植

在生产实践中，如果草莓短缩茎出现明显弓背，叶片基部叶柄上出现了耳叶，这时候就达到了花芽分化。定植时间一般在9月中下旬（图2-4-3）。6m宽标准大棚，栽种8行，株距20～25cm，亩栽6 000～8 000株（图2-4-4）。

图2-4-3　草莓定植

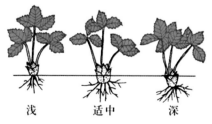

图2-4-4　草莓定植深度

三、植株管理

草莓苗从定植到长出花蕾，一般要求保留5～6片叶并保留1芽，对过多老叶及子芽、腋芽要及时摘除。开花结果后摘除茎部变黄的老叶、枯叶，及时摘除匍匐茎，以减少消耗。除去小分枝及弱小果，一般每花序梗留果7～9个，以增大果实，提高品质。

四、温湿度管理

草莓植株不耐热，较耐寒，植株生长温度为10～30℃。根比较耐寒，生长适温17～18℃，若低于2℃，高于25℃则停止生长。−8℃以下发生冻害。叶片的适宜生长温度为15～25℃，5℃以下或30℃以上将停止生长。−7℃以下受冻害。开花适温为20～25℃，10℃以上开始开花，而花蕾开放需13～27℃的温度，花粉花芽以25～27℃为宜。果实生长前期以18～20℃为宜，成熟期20～25℃，日夜温差8～10℃。开花前棚内湿度控制在80%以下，开花至果实膨大期的湿度控制在60%为宜（图2-4-5）。为防止高温高湿发病，利用中午前后进行通风换气。到翌年4月，气温明显回升时可拆除大棚两边的围膜，加大通风量，起到降温降湿作用，延长果实的生产期。

图2-4-5　草莓膨大期

五、水肥管理

秋季追肥以氮肥为主，冬季来临施一次磷、钾肥，并培土过冬。早春施一次氮、磷、钾重肥，促进开花结果。春季应及时除去病叶、老叶、黄叶，适当疏去小果枝，疏去部分小果、畸形果，使每株有10～15个正常果。

六、畸形果的预防

目前，生产中预防草莓畸形果可采取以下措施：

1.选用相应品种

在丽红、春香、宝交早生、红衣等品种中，以宝交早生最好。授粉品种可选择花粉量丰富的春香等与主栽品种混栽（图2-4-6）。

图2-4-6 草莓畸形果

2.棚内养蜂

保护地栽培的草莓花期早，前期自然出现的访花昆虫少，因而最好在棚内放养蜜蜂。每标准棚5 000只左右，可使授粉率达100%。放蜂时间为上午8～9时和下午3～4时（图2-4-7）。

图2-4-7 草莓棚内养蜂

3.控制温、湿度

草莓在开花坐果期应经常通风排湿、降温。白天温度一般保持在20～28℃，夜间保持在6～7℃，相对湿度控制在90%以下。采用无滴膜扣棚，防止水滴冲刷柱头。

4. 疏花、疏果

疏除次花和畸形小果，可明显降低畸形果率，且有利于集中养分，提高单果重或果实品质。

5. 减少用药

采用无病毒苗、地膜覆盖等农业措施，尽量不用药或减少用药。病虫严重时应在花前或花后用药，开花期严禁喷药，必要时可将蜂箱搬出用烟剂处理。

七、病虫害防治

草莓在种植过程中容易发生的病害主要有灰霉病（图2-4-8）、炭疽病（图2-4-9）、白粉病（图2-4-10）、根腐病（图2-4-11）、病毒病（图2-4-12）、叶枯病（图2-4-13）、芽枯病（图2-4-14）等；虫害主要有蚜虫、叶螨、蛴螬、叶甲、斜纹夜蛾等。防治大棚草莓病虫害主要应以农业防治为主、药剂防治为辅的综合防治措施。

1. 农业防治

农业防治中采取的主要措施分为三部分：一是选用根系发达，初生根多的壮苗来定植。

图2-4-8　草莓灰霉病

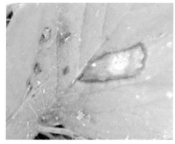

图2-4-9　草莓炭疽病

图2-4-10　草莓白粉病

图2-4-11　草莓根腐病

图2-4-12　草莓病毒病

图2-4-13　草莓叶枯病

图2-4-14　草莓芽枯病

在生产管理中要及时拔除病株，去除老叶、枯黄叶和田间杂草，带出田外集中烧毁。二是土壤消毒。夏季气温在35 ℃左右时，利用废旧农膜覆盖地表，盖膜前每亩撒施生石灰50 ～ 100 kg，持续15d，产生的高温可有效防治土壤病残体上的病原菌。三是合理施肥、灌水。定植前结合整地施入充分腐熟的有机肥和适量无机磷肥，不要偏施氮肥。在花期前后叶面喷施0.3 %尿素或0.3%磷酸二氢钾3 ～ 4次。温室内进行起垄栽培，适量灌水，小水勤灌。

2. 物理防治

利用黄板诱杀蚜虫，每亩挂20cm×30cm的黄板30 ～ 40张，高出植株顶部15 ～ 30cm。当板上粘满蚜虫时，清洗后再涂一层机油，重复使用（图2-4-15）。在棚室放风口、缓冲间门口设置防虫网阻止害虫进入。在棚室内和放风口处张挂银灰色地

图2-4-15　黄板除蚜虫

膜条驱避蚜虫。还可利用杀虫灯诱杀成虫。

3.化学防治

草莓发生病虫害，需要采用化学防治时，应该选择高效、低毒、低残留农药防治（图2-4-16）。要注意开花期不用药，重点放在开花前防治，以免影响授粉，使畸形果增多，采果期要尽量少用药。用药时要注意三点：一是合理选用农药。例如，防治灰霉病和白粉病，盖棚前用腈菌唑或腐霉利喷雾防治，盖棚后用腐霉利烟雾剂熏棚；防治炭疽病用百菌清或甲基硫菌灵喷雾防治；防治红蜘蛛用阿维菌素、哒螨酮、克螨特等喷雾防治。二是适时用药。盖棚初期，用喷药和烟熏相结合的方法，防治以红蜘蛛和白粉病、灰霉病为主的病虫害效果较好。三是合理使用烟雾剂。在发病前或发病初期均匀布点，于傍晚由内向外点燃烟雾剂，出烟后立即密闭棚门，连用2～3次，隔7～10d一次。放有蜂箱的大棚，在熏棚前用泥土封住蜂箱出口，以防蜜蜂吸入烟雾剂中毒。点燃烟雾剂后，人要及时退出大棚，待次日通风后方可进入棚内。采摘草莓前7～10d停止用药（图2-4-17）。

图2-4-16　草莓病虫害化学防治

图2-4-17　草莓烟雾剂熏棚

第五章　大棚早春茄子栽培技术

茄子是喜温作物，其各个生长期对温度要求比番茄、辣椒高2℃左右，因此保护地茄子生产难度较大。但是早春茄子经济效益高，对调节早春蔬菜淡季供应以及增加蔬菜花色品种起到重要作用（图2-5-1）。

图2-5-1　茄子

一、品种选择

茄子生长发育较迟缓，喜高温、强光，不耐高湿。早春大棚栽培，主要以早熟为目的，故而应选择较为早熟、抗寒抗病性强、丰产稳产、耐弱光、适于密植和品质优良的品种，再配合相应的栽培管理措施，才能获得理想的收获。

二、适时播种

华北地区一般于11月下旬播种，此时正值严寒季节，温度低、光照差，外界环境不利于秧苗生长。所以，一般采用加温温室或"日光温室+地热线"育苗。发芽期温度应保持在白天30～35℃，夜间20～22℃；幼苗期温度白天20～25℃，夜间保持在17℃以上。同时，育苗营养土要加一定量的氮、磷、钾肥，幼苗期由于根系较弱，吸收能力差，也可进行叶面施肥。浇水应本着"少而勤"的原则，注意保持良好的光照条件（图2-5-2）。

图2-5-2　茄子育苗

三、嫁接育苗

近年来，由于保护地的连年使用，使土壤带菌而导致病害发生严重，采用嫁接栽培，既可减轻土传病害（茄子黄萎病、枯萎病、青枯病）的发生，又可利用野生砧木的耐低温、根系发达、吸收能力强等特点，增强植株的抗病、抗寒能力，使植株生长旺盛、早熟丰产。茄子砧木一般选用韩国刺茄（CRP）（图2-5-3）、野生茄2号（图2-5-4）和托鲁巴姆（图2-5-5），

图2-5-3　茄子砧木：刺茄

图2-5-4　茄子砧木：野生茄2号

嫁接方法主要有切接法、插接法、劈接法和贴接法等。砧木一般比接穗早播15d左右，砧木播种后55～65d进行嫁接为宜。具体操作方法如下：砧木长到5～6片真叶，接穗3～4片真叶为嫁接适期，嫁接前一天下午用15kg水加青霉素、链霉素各1支，混匀喷洒茄苗杀菌。嫁接应

图2-5-5　茄子砧木：托鲁巴姆

选晴天在遮阴下进行。将砧木3片叶以上部分切掉，保留2片真叶，接穗保留1叶1心或在粗度与砧木切口相近处切掉，进行嫁接。嫁接后应用嫁接夹固定好，放在营养钵中培土浇水，移入小拱棚内密闭。嫁接后前3d不得通风，注意控制温度，白天保持在25～30℃，夜间在16～18℃，空气湿度在85%～90%，每天10～16时要遮阴。3d后逐渐降低温度，增加光照时间。10d后可转入正常管理（图2-5-6）。

图2-5-6　茄子嫁接

四、适时定植

茄子一般在3月中旬定植，要求棚内的平均气温不得低于10℃，土壤10cm深处的地温稳定在13℃左右，选择晴好天气进

行定植，随栽随浇稳苗木，每亩定植2 000 ～ 2 500株。定植时由于外部环境较差，棚内和土壤温度不稳定，同时采用大苗定植与营养生长和生殖生长同时进行，所以为了满足植株生长发育，改善土壤结构和提高地温以利于缓苗，要多施有机肥。每亩施充分腐熟后的有机肥不少于25m³，另加25 ～ 30kg的磷肥和10kg左右的钾肥。由于茄子的主根群主要分布在30cm的土层中，故应先用70％的肥撒匀后深翻30cm，混匀整平后再按50cm为小行、70cm为大行开沟。沟深15cm，宽20cm，再将30％的有机肥施于沟内封垄。垄高20cm，宽30cm，定植株距50cm左右。

图2-5-7　茄子定植

五、缓苗期管理

一般定植后的4 ～ 6d为茄子的缓苗期，该时期的管理要点是防寒保温，暂不放风，白天棚内温度以35℃左右为宜。为提高地温可于晴天中午进行中耕，夜间注意保温（图2-5-8）。

图2-5-8　茄子缓苗

六、中期管理

缓苗后植株开始正常生长，温度以白天28 ～ 30℃为宜，温度太高会造成花器发育不良，呼吸旺盛，果实生长缓慢，易形成僵果；夜间不低于13℃，否则生长慢，易落花。此时应适当控制浇水。茄子开花坐果后，可选晴天的早晨8～9时，用25～30mg/L的2,4-D或防落素处理茄花或在每株开6～7朵花时用500倍液茄灵喷花，以增强坐果能力、促进果实膨大，达到早熟的目的。此时营养生长旺盛，生殖生长开始，应本着小水勤浇、淡肥勤施的原则及时追肥浇水，并注意排湿放风，以免棚内湿度过大，易发生病害。在果实大量坐住后，生殖生长转为优势，此时会出现果实与生长点、上层果实与下层果实争夺养分的现象，这个阶段应加强水肥供应。在门茄膨大期可追一次肥，在盛果期可追1～2次肥，每次每亩可追15～20kg尿素，或每亩追500～1 000kg腐熟的稀粪。由于温室内处于封闭状态，二氧化碳浓度会明显降低，为此，可在晴天早上8时左右增施二氧化碳以补充温室内的二氧化碳浓度，增加光合作用的效率，提高作物产量。茄子对光照强度要求较高，在弱光下生长发育差，光合作用下降会导致产量下降，果实着色差，所以要注意保持棚膜有较高的透光率。同时，应及时去除老叶病叶、整枝打杈（图2-5-9），以利通风透光，提高坐

图2-5-9　打杈

果率，减少绵疫病的发生 [第一次除去3～4片老叶，当"对茄"（图2-5-10）坐住后把"门茄"（图2-5-11）以下老叶全部去掉，同时剪去4个枝杈中两个较弱的枝条]。

图2-5-10 对茄

图2-5-11 门茄

七、后期管理

"四门斗"（图2-5-12）坐住果后，应及时打顶，以促使"对茄"下重抽新枝。待"对茄"下新枝长到12cm左右，上边茄子采收后，可将新枝以上的老枝剪掉（图2-5-13）。果实成熟后应注意及时采收，以防造成坠秧。当外界温度稳定在15℃后，加大前沿和脊部扒缝，加强通风锻炼，5～7d后，选无风晴天把棚膜去掉，利于增加光照度，进一步提高产量。去膜后，由于植株蒸腾作

图2-5-12 "四门斗"

图2-5-13 茄子整枝

用加大，应适当增加浇水次数和浇水量，以满足后期生长需要（图2-5-14）。

图2-5-14　茄子后期植株

八、常见病虫害

1.茄子病害的防治

　　茄子的病害主要有黄萎病、绵疫病、褐纹病、枯萎病、青枯病、病毒病、立枯病、根腐病、早疫病等，其中黄萎病、绵疫病、褐纹病通常危害最为严重，习惯称其为茄子的"三大病害"。

　　（1）茄子黄萎病的防治。黄萎病一般在茄子的门果坐果后开始发病，盛果期急剧加重，自下而上或者从一边向全株发展。发病初期叶片退绿变黄，中午或干旱时萎蔫的叶片到傍晚时可以恢复；发病后期在茄子植株的一边，叶片变黄、变褐，干枯脱落，最后导致整株死亡。剖开茎基部后可以看到维管束变成黑褐色，俗称"半边疯""凋萎病""黑心病"。防治茄子黄萎病、枯萎病、根腐病和青枯病等萎蔫性病害，一是选择与非茄科蔬菜如葱、姜、蒜或粮食作物进行轮作。二是育苗前药剂浸种。三是在定植后用根腐宁、福美双、甲基硫菌灵或多菌灵灌根；

图2-5-15　茄子黄萎病

发病初期可以用甲基硫菌灵、甲霜灵、甲霜灵·锰锌等农药喷雾防治，7d喷施一次，连续2～3次（图2-5-15）。

（2）茄子绵疫病的防治。茄子绵疫病在高温高湿、连作地、低洼渍水地容易发生流行，主要为害果实，引起大量烂果。发病初期呈水渍状病斑，然后迅速扩展蔓延至整个果实。病斑呈褐色或暗褐色，逐渐收缩、变软，湿度大时发病部位长满棉毛状白色菌丝，最后病果腐烂或成为僵果。可以在发病初期用噁霉灵·锰锌、甲霜灵·锰锌、异菌脲、霜霉威盐酸盐、霜脲·锰锌、多菌灵、腐霉利按说明书喷雾防治，间隔7～10d一次，连喷2～3次（图2-5-16）。

图2-5-16　茄子绵疫病

（3）茄子褐纹病的防治。茄子褐纹病也是在高温高湿的条件下容易发生，在茄子生长前期发生较轻，后期较重。该病侵害果实，形成黑褐色病斑，病斑上有同心轮纹，通常绵疫病发生重的年份褐纹病发生也较重。发病初期可用百菌清、代森锰锌、甲基硫菌灵喷雾防治。隔5～7d喷一次，连续2～3次。防治以上三种主要病害，都要注意轮作，施足基肥，增施磷、钾肥，合理密植，及时排除积水，降低田间湿度，及时摘除病叶病果，在发病点穴施生石灰，防止病害蔓延（图2-5-17）。

图2-5-17　茄子褐纹病

2.茄子害虫的防治

茄子主要虫害有朱砂叶螨（红蜘蛛）（图2-5-18）、二斑叶螨（白蜘蛛）、茶黄螨及棉铃虫等。防治茄子上的叶螨类害虫，可用三氯杀螨醇、阿维菌素、哒螨灵、甲氰菊酯、高效氯氰菊酯等高效低毒农药喷雾防治，每

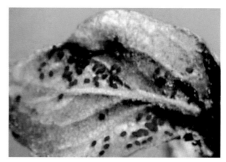

图2-5-18　茄子红蜘蛛

7～10d一次，连续2～3次，喷药时重点喷叶片的背面。为提高药效还可以每亩加入5mL有机硅助剂，既提高防治效果又节省用药量。防治其他害虫可选用氰戊菊酯、阿维·高氯、吡虫啉来进行防治。

第六章　露地茄子栽培技术

图2-6-1　长茄

一、品种选择

茄子类型分为长茄（图2-6-1）、圆茄（图2-6-2）、卵圆茄（图2-6-3），可根据消费习惯和市场需求选择抗逆性强、高产、优质的品种。

图2-6-2　圆茄

图2-6-3　卵圆茄

二、栽培茬口

露地茄子栽培分为早茬和晚茬。早茬栽培用设施保护育苗，4月下旬断霜后定植；晚茬栽培于晚春育苗，6月上中旬定植。

三、育苗

1. 种子处理

（1）浸种。把种子放入55℃温水中浸种15～20min，不断搅动，待水温降到30℃，常温浸种10～12h。或先用清水浸种3～4h后，用10%磷酸三钠水溶液浸种消毒15～20min，然后捞出洗净，常温浸种10～12h（图2-6-4）。

（2）催芽。将浸泡好的种子用清水洗净表面黏液，用干净湿纱布包裹，在25～30℃条件下催芽。70%以上的种子"露白"后即可播种。

图2-6-4　茄子浸种

2.育苗设施与基质

育苗设施一般选用日光温室或塑料大棚、塑料小拱棚等，采用营养钵或营养盘育苗（图2-6-5）。

3.营养土配制

用60%的肥沃大田土、40%腐熟农家肥，每立方米营养土中加入氮、磷、钾复合肥（15-15-15）1kg，磷酸二铵1kg，50%多菌灵可湿性粉剂0.05kg，混匀后过筛。育苗盘选用专用基质育苗（图2-6-6）。

图2-6-5　茄子育苗

四、播种及苗床管理

茄子的露地早茬栽培，一

图2-6-6　茄子营养土配制

般在2月上旬播种。露地晚茬栽培，于定植前60d左右播种。选晴天上午，将苗床浇足底水，水渗后均匀播种，用营养土或基质覆盖1cm左右，覆盖地膜。播种后立即搭架盖膜，夜间加盖草苫。出苗前白天气温控制在25℃以上，夜间在15～18℃。出苗后，白天控制在20～25℃，晚上在14～16℃。2～3片真叶时分苗移入营养钵。定植前7～10d开始低温炼苗。苗床湿度以控为主，在底水浇足的基础上尽可能不浇或少浇水。

五、整地做畦

定植前15d进行整地，每亩施优质有机肥5 000～8 000kg和氮、磷、钾复合肥（15-15-15）50kg。深翻25～30cm，耙平后做垄，垄高20cm，垄宽60cm，大行距70cm，小行距50cm。

六、定植

早茬茄子在晚霜后，10cm地温稳定在13℃以上时定植。株距30～35cm，密度一般2 000～3 000株/亩。定植时按株距在垄上挖穴浇水，水渗后栽苗，覆土与子叶平。

七、田间管理

1.肥水管理

茄子定植5～7d后，浇一次缓苗水，然后控制浇水，进行蹲苗，当"门茄"达到瞪眼期时结束蹲苗，开始浇水追肥。在"门茄"瞪眼期追施氮、磷、钾复合肥（15-15-15）25～30kg，"门茄"膨大期、"四门斗"期各追肥1次，每次每亩施尿素10kg，硫酸钾12kg。

2.植株调整

用细竹竿支架及时绑蔓。"对茄"坐果后，打掉"门茄"以下侧枝。当"四门斗"茄子4～5cm时，除去"对茄"以下老叶、黄叶、病叶及过密的叶和纤细枝。

八、病虫害防治

1. 病害防治

（1）绵疫病。茄子在发病初期可选用58%的甲霜灵·锰锌可湿性粉剂500～800倍液，或72%霜脲·锰锌可湿性粉剂800倍液，或50%烯酰吗啉·锰锌可湿性粉剂500～800倍液喷雾防治。

（2）褐纹病。茄子发病前或发病初期，用70%代森锰锌可湿性粉剂600～800倍液，或70%甲基硫菌灵可湿性粉剂600～1 000倍液，或40%氟硅唑乳油3 000～4 000倍液等防治。

（3）灰霉病。茄子发病初期用25%嘧菌酯悬浮剂2 500～3 000倍液，或用40%嘧霉胺悬浮剂800倍液或50%异菌脲可湿性粉剂1 000倍液、50%腐霉利可湿性粉剂1 000倍液等喷雾防治。

2. 虫害防治

（1）蚜虫。用25%噻虫嗪可湿性粉剂3 000～4 000倍液，或10%吡虫啉可湿性粉剂2 000～3 000倍液喷雾防治。

（2）蓟马。用25%吡虫啉可湿性粉剂3 000倍液，或25%噻虫嗪可湿性粉剂3 000～4 000倍液喷雾（图2-6-7）。

（3）潜叶蝇。用75%灭蝇胺可湿性粉剂3 000～5 000倍液，或48%毒死蜱乳油1 000倍液防治（图2-6-8）。

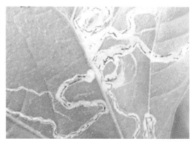

图2-6-7　茄子蓟马　　　　图2-6-8　茄子潜叶蝇

（4）茶黄螨。发生初期可选用15%哒螨灵乳油3 000倍液，或5%唑螨酯悬浮剂3 000倍液防治（图2-6-9）。

图2-6-9 茄子茶黄螨

九、采收

开花后20～25d即可采收。采收时期应在萼片与果皮间的白条不明显时，"门茄"应适当早收（图2-6-10）。

图2-6-10 门茄成熟

第七章　日光温室冬春西葫芦栽培技术

西葫芦是葫芦科南瓜属一年生草本蔓生植物，适应性强，结瓜早，既喜强光又耐弱光，既耐干又耐湿，生长发育的适宜温度为18 ～ 25℃，耐低温性也较好，是较为适合日光温室种植的一种蔬菜。日光温室种植的茬口主要

图2-7-1　西葫芦

有秋延后、冬春茬和早春茬三种。选择冬春茬种植，主要是为了赶在需求比较旺盛的元旦和春节期间上市，卖价高，效益好（图2-7-1）。

一、品种选择

在山东及类似地区种植冬春茬西葫芦，应该在10月上旬进行播种育苗，11月上旬定植，12月下旬前后开始陆续采收上市。一般选用株型紧凑、侧枝少、长势健壮、早熟、耐寒耐热能力强和耐弱光的抗病品种。例如，京葫36（图2-7-2）、早青1号（图2-7-3）、冬玉（图2-7-4）、寒玉（图2-7-5）、翠玉（图2-7-6）、潍早1号（图2-7-7）等，其中京葫36、冬玉、寒玉、翠玉等耐低温性较好，早青1号稍差。

图2-7-2 京葫36

图2-7-3 早青1号

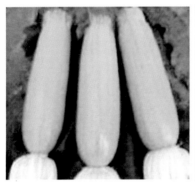

图2-7-4 冬玉

图2-7-5 寒玉

图2-7-6 翠玉

图2-7-7 潍早1号

二、田间管理

西葫芦定植后，应围绕控温、降湿、加强光照来加强田间管理（图2-7-8）。

1. 控温

西葫芦定植后要提高温室内温度，白天保持在25～30℃，
夜间在15～18℃，经3～5d
就可以缓苗了。缓苗后要适当
降温，白天保持在20～25℃，
夜间在12～15℃，促根控秧
防徒长。结果期白天控制在
25～28℃，夜间13～15℃。
12月至翌年2月以保温为主，
寒流到来之前喷施0.1％磷酸
二氢钾，为西葫芦补充营养，
提高叶片耐低温能力（图2-7-9）。

图2-7-8　育苗

图2-7-9　定植

2. 降湿

在保证温度的前提下通风排湿，根据天气预报，要保证浇水
后的几天是晴天。从11月到翌年4月，外界温度20℃以下时只开
上通风口排湿，防治病虫害时使用烟雾剂防治，尽量不喷雾。

3. 加强光照

冬春茬西葫芦不需要遮光，在确保温度的前提下只要太阳光照到棚膜上就要揭保温被，即使是连续阴天或雨雪天气，也要照做，以保证西葫芦的光合作用。

三、水肥管理

西葫芦在缓苗水浇完以后一直到坐果以前一般不浇水也不施肥，这一段时间称为"蹲苗期"，控制地上部生长，促进地下部根系的发育，期间需中耕3～4次。蹲苗后期植株雌花快要开放时，应追施一次促瓜肥，每亩穴施尿素3～4kg、磷酸二氢钾5～6kg，施后浇水一次，为顺利坐瓜补充营养（图2-7-10）。雌花开放后需人工授粉或用2,4-D蘸花，以保花保果（图2-7-11）。进入结瓜盛期后，温室外的气温已升高，应加大放风量促进植株和瓜条快速生长，浇水次数增加，浇水量要大，在批量采收2d前浇水，一般每7d浇水一次，隔一次水追一次肥，尿素、硫酸铵、磷酸二铵等化肥可交替追施，每亩每次施肥量为20～30kg。由于结瓜盛期果实发育较快，仅靠根系从土壤中吸收养分难以满足生长需要，还可以根外喷施三元复合肥或磷酸二铵加尿素。

图2-7-10　开花期　　　　　　图2-7-11　蘸花

四、病虫害防治

西葫芦病虫害防治，应坚持"预防为主，综合防治"的原则，优先采用农业防治、物理防治、生物防治，配合科学合理的使用化学防治，以达到安全、优质地生产无公害西葫芦的目的。一是设置防虫网隔虫（图2-7-12），利用黑光灯（图2-7-13）、黄板诱虫，覆盖银灰色地膜驱虫。二是用高效、低毒、低残留农药防治病虫害。对白粉虱、蚜虫，可以用吡虫啉、抗蚜威防治；白粉病用氟硅唑、嘧菌酯防治；灰霉病用腐霉利、甲霜灵·锰锌；细菌性茎软腐用中生霉素、四霉素防治。以上药剂按使用说明兑水喷雾，隔7～10d防治一次，连防2～3次，可达到较为理想的防治效果。

图2-7-12　防虫网

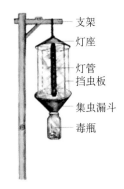

支架
灯座
灯管
挡虫板
集虫漏斗
毒瓶

图2-7-13　黑光灯

第八章　辣椒栽培技术

一、选择品种

辣椒有早熟栽培、春夏露地栽培和秋延后栽培。因此，不同的栽培季节宜选用不同的品种。一般作早熟栽培的品种宜选较耐寒，对低温适应性较强，坐果节位低，早熟丰产的辣椒品种，例如，湘研1号（图2-8-1）、洛椒1号（图2-8-2）、赣椒1号（图2-8-3）、湘研9号（图2-8-4）等。春夏露地栽培宜选择植株

图2-8-1　湘研1号　　　　图2-8-2　洛椒1号

图2-8-3　赣椒1号　　　　图2-8-4　湘研9号

生长势较强、抗病、丰产、优质、耐热的辣椒品种，例如，苏椒3号（图2-8-5）、农大40、皖椒1号（图2-8-6）等。秋延后栽培要选用苗期抗热性、抗病性、耐涝性及后期耐寒性较强的品种，例如，皖椒1号、洛椒4号等。

图2-8-5　苏椒3号　　　　　　图2-8-6　皖椒1号

二、培育壮苗

1.制作苗床

用一半腐熟垃圾或风化塘泥，与一半非茄果类菜园土（最好是葱韭地土）混合，加20%的砻糠灰及3%的过磷酸钙和5%发酵后的菜籽饼充分混匀，再施2%左右的福尔马

图2-8-7　制作苗床

林进行土壤消毒。营养土配置好后，做成厚15cm的育苗畦（图2-8-7）。

2.浸种催芽

浸种之前先进行种子消毒，用55～60℃温开水浸泡种子，并恒温浸烫30min。也可用40%福尔马林100倍液浸种15～20min，捞出后用塑料袋密闭2～3h，再用清水洗净。消毒过的种子用30℃温水浸泡5～6h。将种子捞出用洁净湿纱布包好，置于25～30℃的条件下催芽4～5d，多数种子露白即可播种。电热线育苗一般在12月下旬至翌年1月上旬播种，温床育苗在11月份播种，冷床育苗播期为10月下旬至11月上旬。电热线育苗苗龄以90d为宜，温、冷床苗龄为140～150d。

3. 壮苗管理

幼苗出土前，保持苗床土面温度在25～28℃，齐苗后温度可降至20～25℃。幼苗出现2～3片真叶时，进行一次分苗，并用25%多菌灵500倍液喷施1次。此时，白天温度保持在23～28℃，夜间可降到15～18℃。在大棚内保持床土见干见湿，要控制浇水，防止徒长，可用稀粪水追施2次，再用0.3%磷酸二氢钾和0.2%尿素混合液，叶面辅助追肥1～2次。苗期还要用3 000倍拟除虫菊酯或溴氰菊酯防治蚜虫2～3次，用半量式波尔多液防治病害3～4次。定植前10d，开始逐渐加大放风量炼苗（图2-8-8）。

图2-8-8　三叶期幼苗

三、定植

辣椒忌连作，要选择前茬是叶菜类的菜园地，以葱蒜类菜地为最好。冬季深翻冻堡，开春后整地做畦，施足基肥。一般每亩施菜饼100kg，土杂肥5 000kg，人畜粪1 500kg，过磷酸钙50kg，尿素25kg，氯化钾15～20kg。辣椒一般在2月下旬育苗，4月20日前后进入定植期。辣椒根系弱，入土浅，生长期长，结果多，应选择地势高、肥力足、土壤疏松的地块，并做好沟畦，使沟沟相通，短灌短排。定植应于地温稳定在15℃左右时进行（图2-8-9）。

定植方法：种蒜时宜采取高畦栽培，用套钵器把辣椒种在高畦上。

定植密度：色素辣椒和分次采收朝天椒，株型较大，株行距76cm×25cm，应单株定植，每亩3 500株左右；一次性采收朝天椒，株型紧凑，适于密植，株行距57cm×25cm，可每穴双株，每亩8 000～10 000株（图2-8-10）。

图2-8-9　辣椒定植苗　　　　图2-8-10　辣椒定植行株距

四、田间管理

辣椒具有喜温、喜水、喜肥，高温易得病、水满易死棵、肥多易烧根的特点，在整个生育期的不同阶段应采取不同的管理要求。在辣椒生长前期，地温低，根系弱，应大促小控，尽量少浇水，以利增温促根返苗。在辣椒生长中前期，气温逐渐升高，降雨量逐渐增多，病虫害陆续发生，应促棵攻果，力争在高温雨季到来前封垄。封垄前要进行施肥，每亩追施复合肥20～30kg，并中耕培土，做到"开口等雨"，随下随排（图2-8-11）。在辣椒生长中后期，高温多雨，会抑制辣椒根系的正常生长，并诱发病毒病，应保根保棵。此期如遇旱情，应浇在旱期头，而不能浇在旱期尾，使土壤始终保持湿润（图2-8-12）。在辣椒生长后期，气温逐渐转凉，昼夜温差加大，是辣椒的第二次开花结果高峰，应加强肥水管理。可视天气和长势，结合浇水每亩追施高钾复合肥20～30kg。

图2-8-11　辣椒中前期　　　　　　图2-8-12　辣椒中后期

五、病虫害防治

防治辣椒病虫害应该坚持"预防为主，综合防治"的基本原则。在加强选择优质抗病品种、实行轮作、深耕烤土、施腐熟粪肥等农业防治措施的前提下，协调应用物理防治、生物防治和化学防治措施。在使用化学防治措施时，科学合理地选用高效、低毒、低残留及对天敌杀伤力小的化学农药，并合理地控制农药的安全间隔期，严禁使用高毒、高残留、高生物富集性、"三致"（致畸、致癌、致突变）农药。结合辣椒生产过程中的各个环节，选择最佳的用药时期，减少用药次数，注意药剂的交替使用及合理混用，以防病菌或害虫产生抗药性，有的放矢地进行综合防治。

辣椒病害主要有疫病（图2-8-13）、炭疽病（图2-8-14）、病毒病（图2-8-15）、细菌性病害（图2-8-16）等，可采用霜霉威盐酸盐、嘧菌酯、咪酰胺、中生菌素、农用链霉素等防治；辣椒虫害主要有烟青虫（图2-8-17）、棉铃虫（图2-8-18）、茶黄螨（图2-8-19）、蚜虫等，可采用氯虫苯甲酰胺、阿维菌素、吡虫啉等防治。

图2-8-13 辣椒疫病

图2-8-14 辣椒炭疽病

图2-8-15 辣椒病毒病

图2-8-16 辣椒细菌性病害

图2-8-17　辣椒烟青虫

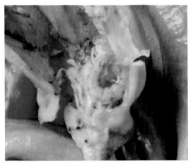

图2-8-18　辣椒棉铃虫

图2-8-19　辣椒茶黄螨

第九章 佛手瓜高产栽培技术

佛手瓜也叫合掌瓜、拳头瓜、万年瓜、洋丝瓜，是葫芦科佛手瓜属中的栽培种，为多年生攀缘性草本植物。由于佛手瓜的单株产量高，嫩瓜质脆味鲜，营养全面丰富，有利尿排钠、扩张血管、降压的作用，

图2-9-1 佛手瓜

其含锌量较高，对提高儿童智力有积极的影响（图2-9-1）。

佛手瓜性喜温暖，能忍受较高温度，属短日照植物。发芽适温为18 ~ 25℃，幼苗期生长适温为20 ~ 30℃，高于30℃时，植株生长受抑制。当地温低于5℃时，根系易受冻害而枯死。栽培地要求富含有机质、排灌良好的壤土。一年生的佛手瓜完成一个生育周期，要经历发芽期、幼苗期、根系迅速生长期、植株旺盛生长期和开花结果期5个时期。生长期为180 ~ 240d（图2-9-2）。

图2-9-2 佛手瓜类型：绿皮佛手瓜（左）、白皮佛手瓜（右）

一、保护地佛手瓜立体栽培模式

惊蛰前后，佛手瓜与黄瓜、芸豆、番茄、辣椒等蔬菜间作与套种，同期栽种，同样管理，利用佛手瓜与间作蔬菜生长和结果的时间差与空间差，以及蔬菜对营养、水分、肥料、空气、温度的要求，合理搭配，实现高效立体栽培，一般每亩定植20株为宜。栽植前要挖好种植穴，穴宽0.8m、深0.5m，每穴施农家肥25kg、过磷酸钙0.5kg、氯化钾0.2kg，与土壤充分拌匀，把种苗定植后用土盖过种瓜，淋水湿润即可（图2-9-3）。

图2-9-3　佛手瓜立体种植

二、田间管理注意事项

佛手瓜有4个月左右的生长前期，这一时期地上茎生长缓慢，茎基部侧枝生长较快，每株只需保留3～5个粗壮的枝蔓，抹去其余的萌芽，否则容易形成丛生状。此期要及时中耕松土，浇小水，促进根系生长发育。进入爬蔓期时，要尽早搭架固秧。越夏时注意及时浇水，土壤保持湿润。入秋后，是佛手瓜结瓜的旺盛时期，必须及时施肥浇水，同时注意防治病虫害，确保丰收（图2-9-4）。

图2-9-4　结瓜

三、病虫害防治

　　佛手瓜的病虫害发生种类少，为害也比较轻，但在栽培不当时也会发生。佛手瓜主要病害有霜霉病、白粉病、炭疽病、蔓枯病等，可以用百菌清、武夷菌素、甲基硫菌灵等农药防治。发生较为普遍的虫害有烟粉虱（图2-9-5）、白粉

图2-9-5　佛手瓜烟粉虱

虱（图2-9-6）、红蜘蛛（图2-9-7）等，可以用噻嗪酮、吡虫啉、阿维菌素、哒螨灵等高效、低毒农药防治。

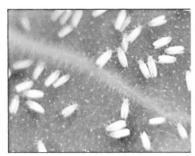

图2-9-6　佛手瓜白粉虱

图2-9-7　佛手瓜红蜘蛛

第十章 冬季丝瓜高产栽培技术

一、土地的选择

图2-10-1 普通丝瓜

丝瓜为一年生的攀缘草本植物，根系比较发达，再生、吸收能力强。俗话说"土瘦不种丝瓜"，丝瓜一生耗肥多，应选择向阳、土质肥沃、湿润、有机质含量高、保水保肥能力强的壤土或黏壤土地来种植（图2-10-1）。

二、肥水管理

丝瓜是喜温作物，尽管其根系发达，但在冬季地温偏低时，根系生长速度也会变慢。特别是一次性水肥过大，很容易大幅度降低地温而造成伤根，导致茎蔓细弱、生长缓慢。应本着"膜下浇小水，重施养根肥"的

图2-10-2 大棚丝瓜

原则来浇水施肥。冲肥时要以促根养根的优质生物菌肥为主，每亩每次冲施50～60kg即可，并配合施适量的优质复合肥。同时，浇水施肥后要注意闭棚升温，提高地温。要合理留瓜，可以改高温季节"2～3片叶留1个瓜"的留瓜方式为"5～6片

叶留1个瓜"（图2-10-2）。

三、田间管理注意事项

在日常的田间管理中，要注意适时疏雄、除须和摘心。丝瓜为异花授粉作物，雌花一花一果，从现蕾到果实采收为15d左右。雄花为无限生长的总状花序，每个花序有20～35朵花，授粉能力大大超过雌花需要量。因此，应

图2-10-3 丝瓜疏雄花序

尽早疏除多余的雄花序，将节省的养分供给雌花。首先是疏雄，从雌花现蕾开始，摘除丝瓜植株上80%的雄花序，保留20%授粉即可（图2-10-3）。其次是除须（图2-10-4），采用人工捆绑代替其攀附功能，以利于植株养分的积累，在主蔓有7～8个叶片时边除须边吊蔓，采用"之"字形均匀引蔓上架（图2-10-5）。最后是摘心，当主蔓有11～12片叶片时开始摘心。此时侧枝萌发速度变慢，主蔓因营养积累生长健壮，侧枝萌发后就可留瓜，每2片叶留1个瓜，这样丝瓜有了前期的养蔓，就不会出现空棵断茬现象，丝瓜产量自然就高了（图2-10-6）。

图2-10-4 丝瓜除须

图2-10-5 丝瓜吊蔓

图2-10-6　丝瓜摘心

以上措施能有效地减少土壤和丝瓜体内养分不必要的消耗，集中供应果实生长发育，从而提高单位面积产量，丝瓜单产能增加36%左右。

四、病虫害防治

丝瓜的主要病害有猝倒病（图2-10-7）、霜霉病（图2-10-8）、灰霉病（图2-10-9）、枯萎病（图2-10-10）、疫病（图2-10-11）、白粉病（图2-10-12）等，可用甲基硫菌灵、百菌清等农药进行防治。丝瓜虫害主要有烟粉虱、白粉虱、潜叶蝇等，可用吡虫啉、阿维菌素等进行防治。

图2-10-7　丝瓜猝倒病　　　　图2-10-8　丝瓜霜霉病

图2-10-9 丝瓜灰霉病

图2-10-10 丝瓜枯萎病

图2-10-11 丝瓜疫病

图2-10-12 丝瓜白粉病

第十一章　食用紫薯栽培技术

　　食用紫薯对人们的身体健康十分有好处。紫薯又称黑薯，薯肉一般紫色至深紫色。它除了具有普通红薯的营养成分外，还富含硒元素和花青素。硒是抗癌物质，而花青素是一种有机活性抗氧化物，它能够保护人体免受一种叫做自由基的有害物质的损伤，起到延缓衰老的作用。另外，花青素还能够增强血管弹性，改善循环系统和增进皮肤的光滑度，抑制炎症和过敏，改善关节的柔韧性。

一、品种选择

　　根据紫薯的销售方向，品种选择和栽培方法又稍有不同。

1. 鲜食紫薯方向

　　进入市场销售的鲜食紫薯，要求薯块大小均匀，单块重0.15～0.2g，还要有一定的贮藏设施，保证周年供应市场。目前比较适合鲜食的紫薯主要有济薯18（图2-11-1）、广薯135（图2-11-2）、宁紫4号（图2-11-3）。栽培过程中注意将薯苗斜插平栽，土层中埋入两个叶节，这样紫薯植株会在两个叶节处结四五个个头相对小而均匀的紫薯，可以满足市场要求。

图2-11-1　济薯18

图2-11-2　广薯135　　　　　　　图2-11-3　宁紫4号

2.深加工紫薯方向

用于深加工的紫薯，个头越大越好。用于提取色素的紫薯，要求品种适应能力强，抗病。鲜薯产量及花青素含量高的品种主要有美国黑薯（图2-11-4）、山川紫（图2-11-5）。用于加工全粉，主要用作各种糕点的主料或配料，品种主要有宁紫4号、济薯18、山川紫等。

图2-11-4　美国黑薯　　　　　　　图2-11-5　山川紫

3.休闲食品紫薯方向

用于加工休闲食品紫薯，要求品种含有较高的淀粉及可溶性糖。品种主要有济薯18、宁紫4号、广薯135等。深加工型的紫薯，在栽培上要将薯苗直栽，最好土层中只埋进去1个叶节，这样紫薯植株会结1～2个比较大的紫薯。

二、育苗

紫薯为无性繁殖作物。生产上春紫薯多用种薯育苗栽插种植，夏紫薯多用茎叶繁殖，培育壮苗是争取紫薯高产优质的前提。规模种植时，应自备种薯育苗；零星种植时，可购买壮苗栽插。

1. 建床

春季育苗时间应根据育苗方式、大田栽插时间来确定，一般在栽插前30～40d建造苗床。苗床面积可依据下列数据确定，每平方米苗床可排0.1～0.2kg大小的种薯18～27kg，每750～1 125kg种薯育苗可供15亩大田紫薯用苗。塑料大棚或温室内，按宽1.2m左右，南北向作畦，畦深10～15cm，畦埂高25～30cm。床底铺一层厚约10cm的有机肥并覆盖5cm厚细土，上水取平以备种薯上床。有条件的地方，可采用电热育苗，水渗后按8～10cm间距蛇形铺设电热线，电热线两端外露连接电源和温控器。电热线上铺盖约5cm厚的细沙以隔离种薯（图2-11-6）。

图2-11-6　苗床

2. 种薯上床前处理

为培育壮苗，防止病害、烂床，种薯上床前应做好种薯选种、消毒工作。选择具有本品种固有特征、质量为0.1～0.2kg的种薯，剔除烂薯、病薯、伤薯、异形薯和其他品种薯块。将种薯置于56～57℃的温水中浸泡1～2min，然后降温至

51～54℃，继续浸10min。不耐高温的紫薯品种，上述温度可降低2～3℃。也可用300～400倍的50%代森铵溶液浸泡10min，以杀死病菌。种薯处理时，应按品种分别进行，以免混杂（图2-11-7）。

图2-11-7　种薯处理

3.种薯上床

顺床宽方向，由北向南，将种薯头向上、阳面向上斜排在苗床上，后薯头压前薯尾1/3，确保所有种薯头部在同一水平面上。大薯排在温度较高的苗床中部，小薯排在温度较低的苗床四周。长薯密排斜排，小薯稀排直排（图2-11-8）。排种后，覆细沙填充种薯空隙；用40℃左右的温水将床土浇透，水渗后覆湿沙土约3cm（图2-11-9）；最后盖塑料薄膜、草苫，催芽育苗（图2-11-10）。

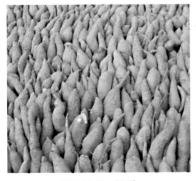

图2-11-8　排种

图2-11-9　灌水

图2-11-10　覆膜

4．苗床管理

（1）前期管理。从种薯排种上床到出苗以升温催芽为主。床温维持30～32℃，电热温床不超过38℃，8～9d出芽。出苗前一般不浇水，干旱时可浇小水湿润。

（2）中期管理。从出苗到采苗前5～6d以保温长苗为主。出苗后床温降至28～30℃，齐苗后降至22～25℃。注意通风，防止高温烤芽，适当浇水，保持床土湿润（图2-11-11）。

图2-11-11　出苗

（3）后期管理。从采苗前5～6d到采苗以降温促壮苗为主。床温在采苗前3～5d内降至20℃，采苗前5～6d浇一次大水，以后停水进行蹲苗。

（4）采苗和采苗后管理。当苗高20～23cm时，及时采苗。

将秧苗从距床土3cm以上处剪下（图2-11-12）。采苗后，升温至30 ~ 32℃，以利伤口愈合，第二天浇水施肥，加盖塑料薄膜、草苫等，转入下茬育苗阶段。采下的秧苗直接用于春季栽插，也可栽植于采苗圃（专门用于夏季紫薯采苗的地块）以供夏季紫薯大田用苗。

图2-11-12　紫薯采苗

三、栽插

1. 大田培肥

紫薯对土壤要求不高，但表土疏松、肥沃、通风良好的土壤更易获得高产。大田深耕20 ~ 30cm，随耕随起垄。垄距60 ~ 80cm，春薯稍大，夏薯稍小。垄形高胖，垄沟窄直，垄面平整，垄土不虚，无大垡无硬心。结合深耕起垄施足基肥，一般每亩施用优质腐熟有机肥2 500 ~ 3 000kg，硫酸铵7 ~ 10kg，硫酸钾7 ~ 10kg。基肥的大部分

图2-11-13　紫薯起垄

宜在耕地时施入20～30cm土层中，其余部分起垄时集中施于垄底或栽插时穴施于垄中。基肥总量不足时，可全部施于垄底（图2-11-13）。

2. 秧苗栽插

适时早栽是紫薯增产的关键之一。在适宜的条件下，栽秧越早，生长期越长，结薯早且多，块根膨大时间长，产量高，品质好。春紫薯栽插适期是地温达15℃以上时，以17～18℃扎根缓秧苗较快。露地春薯一般在4月中旬栽插；地膜覆盖春薯可提前到4月上旬；温室、大棚种植紫薯，应根据上市时间倒推确定栽插期；夏薯应在前茬收获后，力争早栽（图2-11-14）。

图2-11-14　紫薯栽插

栽插质量影响秧苗的成活率及单株结薯数，生产上应根据秧苗长度确定适宜的栽插深度及方式。春季选择暖天，夏季选择阴天或晴天下午适时栽插。长度20cm以下的紫薯秧苗，基部弯压成钓钩状或船底状入土5～7cm；长度为20～25cm的秧苗，水平入土浅栽约3cm；长度为25cm以上的秧苗水平入土约3cm，将基部的一个节间向下弯曲后插入深土中。秧苗栽插时，秧苗顶芽应露出地面3～4cm，地面上留3～4叶，其余叶埋入地下，封土要严密，以利土壤保墒、秧苗成活。旱田可先浇足水，再封窝。地膜栽培紫薯，可先栽插，后覆膜，成活时放膜；也可先覆膜，后栽插。春薯种植密度每公顷不宜少于67.5万株，株距约24cm；夏薯密度每亩不宜少于90万株，株距约21cm。

四、田间管理

田间管理的主要任务是改善紫薯的生长环境条件，协调其地上、地下部生长关系，促进多结薯、结大薯，争创高产优质。

1.发根缓苗期管理

紫薯栽插至茎叶产生分枝为发根缓苗期，经历约1个月。此期的主要任务是提高秧苗成活率，促进壮苗早发。栽插后3～5d内，应多次田间查苗补栽，保证全苗。此期宜中耕2～3次，松土、提温以利秧苗生长。第一次中耕宜浅，约3cm，第二次中耕宜深，6～7cm。缺肥地块，每亩追施675～1125kg硫酸铵以提苗。干旱时，可隔沟浇小水，防大水漫灌。及时防治地下害虫危害根系（图2-11-15）。

图2-11-15 紫薯发根缓苗

2.分枝结薯期管理

紫薯茎叶分枝至茎叶封垄为分枝结薯期，此周期25～40d。此期的主要任务是促茎叶生长，争取早结薯、多结薯。茎叶封垄前，深锄垄沟，浅锄垄背，保持原垄形状，不退土，不伤根。栽插后30～40d在垄基部开沟，每亩追施硫酸铵7.5～10kg，硫酸钾10kg。施肥后浇水，以水调肥。浇水量宜小，细水漫灌，水不过半沟（图2-11-16）。

图2-11-16 紫薯分枝结薯

3.薯蔓盛长期管理

紫薯茎叶封垄至茎叶生长最高峰为薯蔓盛长期（图2-11-17）。此期管理的主要任务是保茎叶稳长，促薯块膨大。缺肥地块，每亩追施硫酸钾20～25kg；一般地块、旺长田无须追肥。旺长田还应采取提蔓或喷洒植物生长调节剂控制茎叶生长。一般喷洒250mg/L的乙烯利溶液或800～1 000mg/L的矮壮素溶液，每亩喷洒5～6.7kg，每7～10d喷一次，共喷2～3次。旺长严重时，还要实施掐尖、扣毛根、剪枯蔓老叶等措施。干旱田隔沟浇小水，遇大雨及时排出积水（图2-11-18）。

图2-11-17 紫薯薯蔓盛长期

图2-11-18 喷施调节剂

4.回秧收获期管理

紫薯茎叶生长高峰至
收获为回秧收获期。此期
管理的主要任务是防止茎
叶早衰，促进块根膨大。
缺肥田，每亩追施硫酸铵
5 ~ 7.5kg，兑水33.3kg，
从垄缝浇入，不宜土壤追
施，以免破坏垄形，影响

图2-11-19　紫薯回秧收获期

薯块膨大。中等地力以上的地块无须施肥。回秧后期补充磷、
钾肥，促进薯块膨大。一般每亩喷施0.2％磷酸二氢钾83.3 ~
100kg，每10 ~ 15d喷一次，连喷1 ~ 2次。当土壤干旱时，浇
小水，收获前20d内不宜浇水，如遇涝及时排水。

五、适时收获

紫薯一生都属于营养生长阶段，没有生殖器官的发育，块
根没有生理成熟期和标准的收获期。从理论上讲，紫薯块根形
成后，随时可以收获。生产上的收获期主要是依据产量和销售
价格来确定。在供应淡季或一年二季栽培紫薯的第一季，当块
根长至0.05 ~ 0.15kg时即可收获，及时上市销售。供应旺季或
一年二季栽培的第二季，适当晚收，争取高产。一般在地温降
至18 ℃ 时开始收刨，
气温10℃以上或地温
12℃以上时收获结束。
选择晴天早晨割秧晒
田，中午收刨，下午
入库。收获时，轻刨
轻放，勿伤薯皮（图
2-11-20）。

图2-11-20　紫薯收获

第十二章　日光温室白萝卜栽培技术

　　白萝卜是十字花科萝卜属1～2年生草本双子叶植物，生长期短，只有60～80d。种植白萝卜具有产量高、管理简便、投入成本低、耐贮藏、易运输、供应期长等优点。传统方法种植白萝卜是在秋季集中上市，价格较为便宜，经常是丰产不丰收，严重影响种植户的积极性。利用日光温室反季节种植白萝卜，通过适当推迟播种期，在1月底至2月初采收上市，亩产可达到5 000～8 000kg，具有显著的经济效益（图2-12-1、图2-12-2）。

　　白萝卜属半耐寒性蔬菜，喜欢温和凉爽、温差较大、光照充足的气象条件，不耐高温和严寒，生长的适宜温度为5～25℃，肉质根生长的最适宜温度为13～18℃。膨大的直根含水量在90%左右，根系较深，叶片较大，不耐旱。因此，白萝卜适宜在土质疏松、土层深厚、排水良好、土壤pH为5.3～7.0的中性或微碱性沙壤地种植。

图2-12-1　长白萝卜

图2-12-2　圆白萝卜

一、播种

白萝卜品种一般选用抗寒性好、晚抽薹的大型品种，例如，长春大根（图2-12-3）、白玉大根（图2-12-4）、春白王等。整地要求深耕、晒土、细致、施肥均匀。一般亩施腐熟有机肥4 000～5 000kg，磷酸二铵40kg，深耕15cm左右，整细耙平，然后按80cm宽幅，做成高15cm、宽45cm的畦面备用（图2-12-5）。

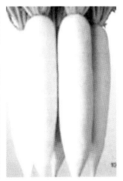

图2-12-3　长春大根　　　图2-12-4　白玉大根

图2-12-5　播种

二、温室温湿度

苗期白天温室温度控制在18℃左右，夜间10℃左右；进入膨大期后，白天控制在16～18℃，夜间在10～14℃，湿度保持在80%左右（图2-12-6）。

图2-12-6　白萝卜膨大期　　　　　　图2-12-7　白萝卜苗期

三、肥水管理

白萝卜苗期要少量勤浇（图2-12-7），间苗7d后蹲苗，促直根下扎，12月中下旬白萝卜肉质根进入快速膨大期。要根据土壤墒情及时浇水，使土壤含水量保持在50%左右，这一时期需肥量也较多，可以结合浇水每亩冲施有机肥200～250kg（图2-12-8）。

图2-12-8　浇水

四、病虫害防治

温室白萝卜基本没有虫害，病害主要有黑腐病，它是由细菌引起的（图2-12-9）。防治方法包括：一是合理轮作，避免与其他十字花科蔬菜连作。二是要选用抗病品种。三是用72％农用硫酸链霉素可湿性粉剂3 000倍液浸种2h，发病初期农用链霉素、四霉素按说明书喷雾防治，每隔7d喷一次，连喷2 ～ 3次。

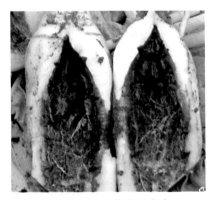

图2-12-9　白萝卜黑腐病

第十三章　温棚白莲藕高产栽培技术

　　白莲藕是人们餐桌上的一道家常菜，也是宴席菜单的重要成员之一，以质细洁白、清脆爽口、甘甜无渣而名扬四方。莲藕生则性寒，熟则性温。生者能凉血止血，清热止渴，治咳嗽咯血、热病口渴等症；熟者能健脾开胃、补血止泻，治脾胃虚弱、精神不振等症状（图2-13-1至图2-13-4）。

图2-13-1　池塘白莲藕

图2-13-2　池塘白莲藕花与种子

图2-13-3　白莲藕茎

图2-13-4　白莲藕茎切片

一、建造拱棚

种植白莲藕的拱形大棚一般长50m左右，宽10m，南北向为好，双层覆盖，薄膜上盖草，于2月中旬建好。

二、整地施足底肥

白莲藕整地要深耕土壤，亩施粪肥300kg以上，磷酸二铵50kg，硫酸钾50kg，畦宽2m，东西向（图2-13-5）。

图2-13-5　底肥

三、选用良种适时栽植

白莲藕种植要选早熟、高产、抗寒性强、生长旺盛的品种为宜（图2-13-6）。于3月初栽植棚内。栽植时藕梢向棚里，防止生长期间藕梢窜出大棚。种藕深15cm为宜，藕顶芽入土稍深些，避免栽种过浅浮起冻死顶芽。每亩栽350株左右（图2-13-7）。

图2-13-6　选种

图2-13-7　白莲藕栽植

四、加强田间管理

1.保水控温

白莲藕栽后灌水4cm左右，草苫早晚盖使其增温保温。当第1片叶长出，水层保持在5～10cm。4月上旬以后要注意通风降温，棚内不要高于30℃（图2-13-8）。

图2-13-8　白莲藕出叶期保持水层

2. 及时除草、施肥、防病虫

在荷叶封行前对易生杂草及时割除（图2-13-9）。棚内湿度大，病虫发生早，以腐败病和蚜虫为主，应及时喷药防治（图2-13-10）。在荷叶2～3片直立时进行施肥，4月下旬和5

图2-13-9　藕田除草

月下旬各施一次肥。施肥前期以氮、钾肥为主（图2-13-11）。6月中下旬供应市场。亩产500kg以上。

图2-13-10　藕田防病虫

图2-13-11　藕田施肥

第十四章　生姜优质高产栽培技术

生姜为喜温暖、不耐寒、不耐霜的蔬菜作物，所以必须要将生姜的整个生长期安排在温暖无霜的季节栽培。确定生姜播种期的原则是断霜后，地温稳定在15℃以上时播种，山东及类似地区一般在5月上旬播种，地膜覆盖在4月下旬播种，品种一般为莱芜生姜（图2-14-1）。

图2-14-1　莱芜生姜

一、选种

种用生姜应在头年从生长健壮、无病具有本品种特征的高产地块选留。收获后选择肥壮、芽头饱满、个头大小均匀、颜色鲜亮、无病虫伤疤的姜块贮藏（图2-14-2）。种植时种姜要肉质新鲜，不干不缩，不腐烂，未受冻，质地硬，无病虫害，严格淘汰姜块瘦弱干瘪、肉质变褐及发软的种姜（图2-14-3）。

图2-14-2　优质姜种　　　　　　图2-14-3　次级姜种

二、培育壮芽

1.晒姜

播种前35个月左右，从贮藏窖中取出种姜，用清水洗净泥土，平铺在室外干净地上或草席上晾晒1 ~ 2d，夜间收进室内防霜冻（图2-14-4）。

图2-14-4　晒姜

2.困姜

晒晾后，再把姜块置于室内堆放3 ~ 4d，姜堆上盖以草帘，促进种姜内养分分解，叫做"困姜"。经过2 ~ 3次的晒姜与困姜便可以进行催芽。

3.催芽

生姜催芽方法较多，可以因地制宜，加以采用。无论何种催法，都须先将种姜进行预温。即在最后一天晒姜时，于下午趁热将种姜选好收回，置于室内堆放3～4d，下垫干草，上盖草帘，保持温度在11～16℃，促进种姜内养分转化分解，随即移至催芽场所进行催芽。常用的催芽方法有室内催芽池催芽、室外土炕催芽、熏烟催芽、阳畦（冷床）催芽等。

现介绍阳畦催芽的做法如下：阳畦催芽即选避风向阳地点，挖筑似果菜类育苗的冷床，按东西挖筑床框，框口北高南低，东西两侧由北向南倾斜，床深25～30cm。将床底土壤搂平。铺干稻草厚5～8cm，放入种姜厚25cm左右，上盖干稻草一层，即在框口架放细竹，再在其上覆盖透明塑料薄膜，白天晒暖，夜晚盖草帘保温，床温超过25℃时，适当揭开薄膜通风降温，使床温保持比较稳定。

三、整地作畦

种植生姜地块，不能连作，应选含有机质较多，灌溉排水两次的砂壤土、壤土或黏壤土田块栽培，其中以砂壤土最好，充分晒垡，然后耙细作畦。一般畦宽1.2m左右，畦沟宽35～40cm，沟深12～15cm。在畦上按行距55cm左右开东西向种植沟，沟深12～13cm，在种植沟内条施充分腐熟的厩肥或粪肥，每亩2 500kg，饼肥75kg，草木灰75kg左右，并与沟土充分拌和，以备种植。

四、种植

生姜种植应选晴暖天气进行。播前，把已催好芽的大姜块掰成0.06～0.08kg重的小种块，每个种块选留1～2个肥胖的幼芽，其余芽除掉，以便使养分集中供应主芽，保证苗壮苗旺（图2-14-5）。如种植时天气干旱，需提前一天在种植沟中浇水，待水渗下后才可种植。排放种姜时，按行距60cm，株距20cm左右逐一排放于种植沟内。姜芽朝南，并稍将芽头下压，使姜块略向南倾斜，随即盖细土4～5cm。生姜的种植密度，一般每亩5 000株左右，用种量370kg左右（图2-14-6）。

图2-14-5　健壮姜种　　　　　图2-14-6　生姜种植

五、田间管理

1．分次追肥

生姜极耐肥，除施足基肥外，应多次追肥，一般应前轻后重。第一次幼苗出齐，苗高30cm左右时追壮苗肥，每亩用腐熟的粪肥500kg，加水5～6倍浇施，或用尿素10kg，配成0.5%～1%稀肥液浇施，也可施硫酸铵15～20kg，有条件时可随水冲入腐熟人粪1 000kg（图2-14-7）。第二次称为催姜肥。施肥量比第一次增加50%，仍以氮肥为主，每亩施豆饼100kg或腐熟厩肥1 000kg，施肥时雨水如较多，可在距植株12cm处开穴，将肥料点施盖土。如姜田基肥充足，植株生长旺盛，表现无脱肥现象，此次追肥可以不施或少施，以免引起植株徒长（图2-14-8）。第三次追肥称为转折肥，在立秋后进行。天气转凉开始封垄时进行，拆去姜田的阴棚或遮阴物后立即进行，促进生姜分枝和膨大，可结合拔除姜草进行适当重施，要求肥料持久的完全肥料和速效化肥结合施用，氮、磷、钾配合施，一般亩施尿素20～25kg，硫酸钾20～25kg，过磷酸钙10～15kg或复合肥100kg，均匀撒施于种植行上，并结合进行培土。9月中旬根茎旺盛生长期，为促进姜块迅速膨大，防止早衰，应追施一次补充肥，以速效化肥为主，亩施复合肥30kg（图2-14-9）。

图2-14-7　生姜前期

图2-14-8　生姜中期

图2-14-9　生姜后期

2.中耕培土

生姜生长期间要多次中耕除草和培土。前期每隔10～15d进行一次浅锄，多在雨后进行，保持土壤墒情，防止板结。到株高40～50cm时，开始培土，将行间的土培向种植沟。长江流域及其以南各地，夏季多雨，应结合培土将畦沟挖深到30cm，并将挖出的土壤均匀放置在行间（图2-14-10）。待初秋天气转凉，拆去荫棚或遮阴物时，结合追肥，再进行一次培土，使原来的种植沟培成垄，垄高10～12cm，宽

图2-14-10　生姜中耕培土

20cm左右。培土可防止新形成的姜块外露，促进块大、皮薄、肉嫩。

3.灌溉排水

种植后保持土壤较干，以利土温的回升。但如久旱不雨，影响出苗，也要适量浇水。出苗以后，不宜多浇。雨季来临，要及时清沟排水，降低地下水位，使根不受涝而免遭腐烂。拆去荫棚或遮阴物以后，正是姜株分枝和姜块膨大时期，要早晚勤浇凉水，促进分枝和膨大。收藏前1个月左右应根据天气情况减少浇水，促使姜块老熟。

4.遮阴

生姜的光饱和点较低，一般在3万～5万lx。入夏以后，当地气温常达25℃以上时，要在姜田中搭荫棚或插遮阴物防热。入秋以后，天气转凉，气温降到25℃以下时，要及时拆除遮阴物，以增强光合作用和同化养分的积累。搭荫棚即在生姜田畦面上用细竹或树枝、竹等搭1～1.1m高平棚，架顶上夹放麦秆，稀疏排放，约遮去一半阳光，亦可用灰色遮阳网代替秸秆覆盖。插遮阴物即在生姜行的南侧，距植株12～15cm处开小沟，插入谷草树枝等，交互编成花篱状，直立或稍向北倾斜，为植株遮去一半阳光（图2-14-11）。

图2-14-11　生姜遮阴

六、主要病虫害防治

1.生姜病害防治

生姜病害主要有姜腐烂病、疫病、斑点病、炭疽病、根结线虫病等。

生姜腐烂病。当田间发现病株后，应及时摘除中心病株，并挖去带菌土壤，在病穴内撒施石灰，然后用干净的无菌土掩埋。大田发病时可用防治细菌性化学药剂，如50％琥胶肥酸铜可湿性粉剂500倍液、72％农用链霉素可溶性粉剂4 000倍液、77％氢氧化铜水分散粒剂可湿性粉剂400～500倍液、25％络氨铜水剂500倍液喷雾防治（图2-14-12）。

图2-14-12　生姜腐烂病

2.生姜虫害防治

（1）姜螟。可用50％杀螟松乳剂500～800倍液或80％敌敌畏乳油1 000倍液或90％敌百虫晶体800～1 000倍液喷雾防治（图2-14-13）。

（2）根结线虫病。应用杀线虫剂在种植时或在7月中下旬到8月上旬，视病情进行

图2-14-13　生姜螟

沟施或穴施。防治方法主要有：一是用棉隆混土施药；用三氯硝基甲烷（氯化苦高毒）注射施药；用甲基二硫代氨基甲酸钠化学灌溉施药处理土壤。二是用淡紫拟青霉、苦参碱、阿维菌素、噻唑膦、氰氨化钙其中一种沟施或穴施；或者用蜡质芽孢杆

菌悬浮液进行灌根。按照说明书使用，都能取得较为理想的防治效果。

七、采收

一般在当地初霜来临之前，植株大部分茎叶开始枯黄，地下根状茎已充分老熟时采收。要选晴天挖收，在收获前2～3d浇一次水，使土壤湿润，土质疏松。收获时可用手将生姜整株拔出或用镢整株刨出，轻轻抖落根茎上的泥土，剪去地上部茎叶，保留2cm左右的地上残茎，摘去根，不用晾晒即可贮藏，以免晒后表皮发皱（图2-14-14）。

图2-14-14　生姜收获

第十五章　脱毒马铃薯栽培技术

一、种薯处理和切块

马铃薯（图2-15-1）播种前要进行种薯处理，可采用温暖种催芽法，即在小阳畦或暖棚内20～25℃条件下，用沙培、土培，或草苫覆盖薯或切块促使发芽（图2-15-2）。切块时，剔除病烂薯，每千克种薯切40～50块，每块至少要有1个中上部健壮芽眼，一般暖种15～20d，幼芽萌动即可播种（图2-15-3）。

图2-15-1　马铃薯

图2-15-2　脱毒马铃薯培育

图2-15-3　脱毒马铃薯苗

二、合理施肥和播种

马铃薯性喜松暄肥沃的土壤，一般在冬前耕翻土地，重施基肥，每亩施2 500 ~ 5 000kg圈肥，20 ~ 25kg豆饼（图2-15-4）。将土壤覆盖成东西向小土垄，早春3月初暖种，3月中旬播种，地膜覆盖可提前10 ~ 15d。覆土厚度8 ~ 10cm，每亩保留4 000株左右，亩用种薯约100kg（图2-15-5）。

图2-15-4　马铃薯播种深度

图2-15-5　马铃薯田覆膜

三、田间管理

图2-15-6　马铃薯田中耕培土

薯苗出齐后，要早追肥、早浇水、早中耕。进入发棵期后，结合中耕，进行小培土，并亩追15 ~ 20kg尿素。在现蕾初期进行一次大培土，根据墒情适当浇水，注意不要漫垄。开花后，如无雨要4 ~ 6d浇水一次，以充分满足薯块膨大的需要。收刨前5 ~ 7d停止浇水。6月上中旬收获，经济价值较高。病虫害主要是地老虎咬食幼苗、嫩薯及早疫病，可据情施放毒饵和喷洒波尔多液进行防治（图2-15-6）。

第十六章　保护地芹菜栽培技术

芹菜是人们喜食、常食的蔬菜品种之一。芹菜性喜冷凉、湿润的气候，属半耐寒性蔬菜，不耐高温。

一、品种选择

芹菜栽培要选用优质、抗病、适应性广、实心的品种。西芹宜选用文图拉（图2-16-1）、意大利冬芹（图2-16-2）、西芹3号、胜利西芹（图2-16-3）等，本芹宜选用津南实芹（图2-16-4）、白庙芹菜（图2-16-5）、潍坊青苗芹菜（图2-16-6）等。

图2-16-1　文图拉　　图2-16-2　意大利冬芹　　图2-16-3　胜利西芹

图2-16-4　津南实芹　　图2-16-5　白庙芹菜　　图2-16-6　潍坊青苗芹菜

二、育苗

秋冬茬芹菜在7月上旬至7月下旬播种育苗，8月下旬至9月下旬定植。苗期正值高温多雨季节，不利于种子萌发及幼苗生长，容易出现出苗困难、出苗率低、秧苗质量差等现象。苗期管理的关键是创造冷凉潮湿的环境条件，防止干旱、水淹、徒长、死苗等，具体方法如下：

1.低温处理

气温若高于25℃，芹菜种子就难以发芽，在15～20℃下才可顺利萌芽，因此夏季播种一定要对种子进行低温处理。种子浸泡12h后，置于10℃的冰箱中进行低温处理7～8d解除休眠后再播种，也可以用药剂浸种处理，用1000mg/L硫脲或5mg/

图2-16-7 芹菜种子

L赤霉素浸种12h，有代替低温浸种的作用（图2-16-7）。

2.搭建遮阴防雨设施

选择地势较高、排灌条件好的沙壤土做苗床。将腐熟的有机肥过筛后，均匀撒施到畦面，翻入土内，使粪土混合均匀，然后整平床面，浇透水，将处理好的种子和细沙混匀，均匀撒播在床面，然后覆2～3mm过筛细土。播种后在苗床上用竹竿等物搭架，覆盖遮阳网或草苫，形成花荫，防止强光暴晒和暴雨冲打，以利出苗，并能防止幼苗徒长（图2-16-8）。

图2-16-8 芹菜遮阴

3.苗床表土要始终保持湿润

7～8d种子顶土时，轻洒一次水，使幼苗顺利出土，8～10d即可齐苗。幼苗2～3叶时再浇一次小水，浇水宜在早晚进行，水量要小，防止冲击幼苗。苗期水分不可过多，以防幼苗徒长和猝倒病发生（图2-16-9）。

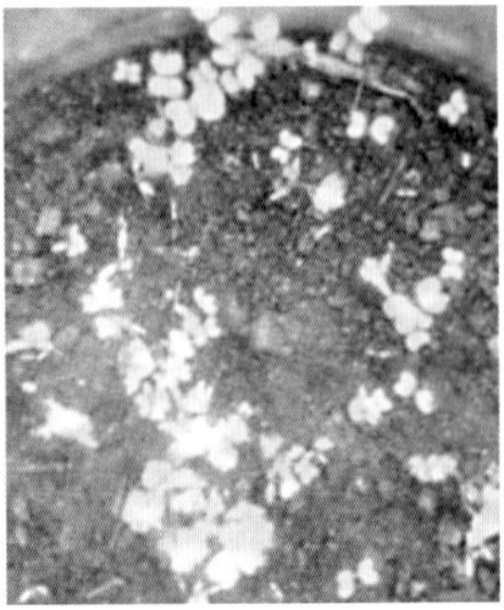

4.及时间苗

图2-16-9　芹菜出苗期

由于芹菜夏季极易死苗，齐苗后间去并生苗、过稠苗，苗期间苗1～2次，使每株营养面积达到8～10cm^2。

三、定植

8月下旬至9月下旬，当苗高10～15cm、4～5叶时及时定植。定植前亩施腐熟有机肥7 500kg，磷酸二铵50kg，硫酸钾20kg作底肥。为防止生长期间植株缺硼造成茎裂，每亩施硼砂0.5～1kg作底肥。定植时掌握秧苗上不埋心、下不露根的原则。定植完随即浇定植水。定植密度：本芹25 000～35 000株/亩，行距15～20cm，株距13～15cm；西芹10 000～15 000株/亩，行距25～28cm，株距20～25cm（图2-16-10）。

图2-16-10　芹菜定植

四、定植后的管理

1. 肥水管理

芹菜定植后 1 ~ 2d 再浇一次缓苗水，待叶子变绿，长出新根后，要进行锄划，松土保墒，促进根系发育，防植株徒长（图 2-16-11）。蹲苗在芹菜大部分心叶展开时结束，结合浇水适当施肥。定植后一个月植株开始进入旺盛生长期，叶片迅速增加，要追施 2 ~ 3 次氮、磷复合肥，并加大浇水量，保证水分和养分的供应。追施的同时还可采取根外追肥的办法，一般喷施尿素 0.2%、磷酸二氢钾 0.3% 混合液或叶面专用肥 2 次，10d 一次。增强植株的抗病能力，提高产量。随着天气转冷，温度降低，应适当减少浇水次数（图 2-16-12）。收获前 15 ~ 30d 还可喷施赤霉素 40mg/L 水溶液来加速植株生长，减少叶柄纤维素含量，提高产量，改善品质。

图 2-16-11　芹菜缓苗

图 2-16-12　芹菜浇水

2. 温度管理

芹菜定植后，注意在 10 月下旬开始扣膜，初期要加强放风，白天保持 20 ~ 22℃，夜间在 6 ~ 15℃。11 月上旬后放风量逐渐减少，室内气温低于 15℃ 时停止放风。外界温度低于 6℃ 时加盖草苫防寒保温。

五、采收

芹菜定植50～60d达到收获标准，应及时采收。收获过晚，养分易向根部输送，造成产量和品质下降。一般亩产量7 500～10 000kg（图2-16-13）。

图2-16-13　芹菜收获

六、病虫害防治

保护地芹菜病害主要有芹菜斑枯病（图2-16-14）、芹菜灰霉病（图2-16-15）、芹菜软腐病（图2-16-16）、芹菜叶斑病（图2-16-17）、芹菜菌核病（图2-16-18）等；虫害主要有蚜虫、白粉虱、潜叶蝇等。要根据不同情况采取不同措施，及时加以防治。

图2-16-14　芹菜斑枯病

图2-16-15　芹菜灰霉病

图2-16-16　芹菜软腐病

图2-16-17　芹菜叶斑病

图2-16-18　芹菜菌核病

第十七章　早秋大白菜栽培技术

大白菜一直以其营养丰富、物美价廉受到人们的青睐，被称为北方地区的"当家蔬菜"。在我国北方地区，9月下旬至10月中旬是蔬菜供应的淡季，这个季节的鲜菜品种少、价格高。早秋大白菜便是这样一种播期比较早，生长

图2-17-1　大白菜

期比较短的早中熟品种，生育期60d左右，虽然产量不太高，但是可以抢在中晚熟大白菜之前上市，填补了蔬菜市场供应的不足，市场售价较高，经济效益较为可观（图2-17-1）。

一、品种选择

大白菜品种繁多，不同品种的适应性和品种特性差异较大，选择适宜的优良品种就成为种植早秋大白菜成败的技术关键。由于早秋大白菜整个生长季节都处于高温、多雨和强光照环境下，因此应选用抗热、耐强光且对病毒病、霜霉病和软腐病有较强抗性的早熟大白菜品种。目前，适合山东省济宁市早秋大白菜栽培的品种有：北京农科院培育的小杂56（图2-17-2），山东农科院培育的鲁白6号（图2-17-3）、牛早秋1号（图2-17-4），浙江农科院培育的早熟5号（图2-17-5）等。

图2-17-2　小杂56

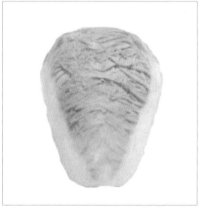

图2-17-3　鲁白6号

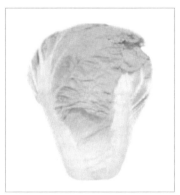

图2-17-4　牛早秋1号

图2-17-5　早熟5号

二、育苗

早秋大白菜的育苗期在7月中下旬至8月上中旬，较高的气温和过多的雨水常常影响和抑制大白菜幼苗的生长，因此适合采用育苗移栽的方式。采用育苗移栽，不仅移栽成活率高、缓苗快，还可以避免雨水对幼苗的侵害。

育苗的基质，可以用细土、草炭、蛭石，以3∶3∶1的比例混合搅拌均匀。在穴盘底部的小孔内，垫上一张小纸片，防止基质的渗漏。将混合好的基质均匀地撒在穴盘里，深度大约为穴盘的2/3（图2-17-6）。将撒好基质的育苗盘均匀地浇一遍水，浇水要浇透。当育苗盘中的水完全渗入基质之后，便可以播种了，播种时每穴3～4粒。播种之后，再覆一层细土（图2-17-7）。

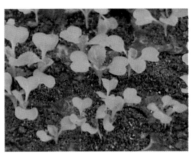

图2-17-6　处理苗盘　　　　图2-17-7　大白菜育苗

为了减弱强光对幼苗的照射和降温、防雨，可以搭一个遮阳网遮阴。由于穴盘里的土壤少，蒸发快，所以从早秋大白菜长出两片子叶开始，每天浇二次水，早晨一次，晚上一次。

从播种到两片真叶长出，大约需要8d的时间，两片真叶与两片子叶相互交叉成十字形，老百姓把这个现象叫做"拉十字"（图2-17-8）。从"拉十字"开始，幼苗有了一定的叶面积，光合作用所制造的养分可以满足自身生长的需要，进入快速生长期。这时，需要进行间苗，以防苗拥挤徒长。一般一个穴盘留2棵小苗。

图2-17-8　白菜苗"拉十字"

三、定植

1.整地起垄

早秋大白菜生育期短，生长速度快，所以，要选择地势较高、排灌方便，土壤肥沃、富含有机质的地块。深犁细耕是疏松土壤，改善土壤通透性和保水保肥能力，为根系生长创造适宜环境条件的重要措施。

起垄栽培是大白菜栽培的一项重要的改进措施，在生产中已经得到广泛应用。起垄栽培有很多好处：一是增加了土壤耕作层的厚度，为根系的生长创造了有利条件。二是便于浇水和防涝，浇水不淹苗，遇上洪涝灾害又能减轻受淹的程度。三是有利于通风，能有效地减轻病虫害的危害程度。

起垄栽培，垄距一般为50～60cm，垄高15～20cm，垄不宜过长，因为垄过长会造成浇水不均匀或田间积水，垄的长度在20m左右为宜。

2.定植

当早秋大白菜的小苗长出5～6片真叶时，选择连续几天晴朗的天气定植。定植时首先要取出穴盘里的小苗，用木棍轻轻地在穴盘的底部顶一顶，将带着土坨的小苗慢慢地拿出，取苗的时候动作要轻，防止损伤幼苗的根部。早秋大白菜定植的株距为40cm左右，定植的密度不宜过大，因为单位面积的定植数多了，就会相互争肥争水，导致生长不良。小苗定植之后，立即浇一遍水，将小苗四周的垄面浇透（图2-17-9）。

图2-17-9　大白菜定植苗

四、莲座期水肥管理

早秋大白菜从外叶全部展开，到最里面的新叶开始合抱，这个时期叫莲座期。因为早秋大白菜生长期短，所以进入莲座期就要开始追肥（图2-17-10）。

图2-17-10　大白菜莲座期

早秋大白菜的施肥方式和秋季大白菜不同，施肥时间早，施肥量少。一般每亩施尿素15kg，氮、磷、钾复合肥20kg。将尿素和氮、磷、钾复合肥混合在一起，沿着垄的两侧均匀地撒施，然后锄起垄沟里的土，培在垄的两侧，同时也将肥料盖住。

结合施肥，在正值干旱的8～9月加强水分供应，每隔3～4d浇水一次。暴雨后疏沟排渍，以防发生软腐病等病害。

五、大白菜病虫害防治

早秋大白菜容易发生的病害主要有：病毒病（图2-17-11）、霜霉病（图2-17-12）、软腐病（图2-17-13）、干烧心病（图

2-17-14）；虫害主要是蚜虫、菜青虫（图2-17-15）和小菜蛾（图2-17-16）。

图2-17-11　大白菜病毒病

图2-17-12　大白菜霜霉病

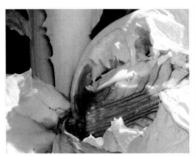
图2-17-13　大白菜软腐病

图2-17-14　大白菜干烧心病

图2-17-15　大白菜菜青虫

图2-17-16　大白菜小菜蛾

　　大白菜病毒病又叫孤丁病、花叶病、抽风病，主要是蚜虫传毒，应采取银灰色反光条避蚜或黄板诱蚜，或者喷避蚜雾、抗蚜威灭蚜。在发病初期用病毒A、植病灵喷药控病。对霜霉病可用甲霜灵·锰锌、乙膦铝、百菌清喷雾防治。软腐病可用农用硫酸链霉素、春雷霉素、中生菌素或者四霉素在莲座期开始喷雾防治。在结球初期结合喷药加入0.3%的氯化钙溶液可以控制干烧心病的发生。对于蚜虫、菜青虫、跳甲等害虫，可用阿维菌素、菊酯类、定虫隆、Bt乳剂、灭幼脲3号等农药喷雾防治。药液要喷匀，特别注意要喷叶片背面。

　　以上病虫害防治时间均应从发生初期开始，每5～7d喷一次，连续2～3次，收获前10d停止喷药。既可保证防治效果，又能确保大白菜质量安全。

第十八章　大葱栽培技术

一、选用良种

选择植株紧凑、抗病虫害、叶肉厚、叶色深绿、蜡粉层厚、假茎洁白、质地致密、不易弯曲、不易折断的品种。生产上多采用品质优良的以章丘系列为基础选育的品种如：鲁大葱1号（图2-18-1）、章杂2号（图2-18-2）、赊葱198等品种。采用具有抗逆性好的耐抽薹品种如：长白（图2-18-3）、Fl晚抽一本太（图2-18-4）、田光一本太（图2-18-5）等。

图2-18-1　鲁大葱1号

图2-18-2　章杂2号

图2-18-3　长白

图2-18-4　F1晚抽一本太　　　　　图2-18-5　田光一本太

二、培育壮苗

1.施肥整地

选择3年没种过葱蒜类地块整地，要求土壤疏松，肥力好，地块呈中性微碱性，每亩施优质农家肥5 000kg，过磷酸钙50 ～ 75kg，尿素40kg。深翻耙平，做畦宽1.2m，长7 ～ 10m的平畦。

2.播种

根据栽培季节确定育苗时间，大葱栽培季节为秋栽季节的育苗播种时间，主要是晚秋播和春播。秋播为10月上旬，春播苗期应在惊蛰至清明中间。为便于管理，采用育苗移栽。播种量秋播比春播畦大些，育苗田每亩用量1.5 ～ 2kg，栽5 ～ 6亩地（图2-18-6）。

3.种子处理

秋播采用干籽，方法是先将种子用凉水浸泡10min，漂出秕籽和杂质，再放到65 ℃左右的温热水中持续20 ～ 30min。也可在500倍的高锰酸钾溶液

图2-18-6　大葱播种

中浸20～30min，再用清水冲洗干净，可早出苗2～3d。春播时因土壤干旱，采用湿播，用浸种催芽的办法，先将种子用温水搓洗，除去秕籽，浸泡12～24h，置于15～20℃的环境中催芽2～3d后，待大部分种子露白时播种。

4. 浇水追肥

因大葱种子小，顶土能力弱，只有保持地面湿润才能正常出苗。如是秋苗，遇温度过低，需要地面覆盖土杂粪或秸秆进行防寒保温。温度回升到13℃时，浇返青水，同时追返青肥，以后控水，中耕，蹲苗10～15d，等到旺盛生长期，要进行2～3次追肥浇水。如是春播苗，出苗期间注意保墒，3叶期间控制浇水，蹲苗，3叶期后再追肥浇水，促进幼苗迅速生长。春播喷用除草剂，要在播后浇水的2～3d内，将除草剂均匀喷洒地面。秋播一般不用除草剂。

5. 间苗

大葱间苗要进行两次，第一次在春季浇返青水时，苗距2～3cm；第二次在苗高18～20cm时，苗距6～7cm，及时防治病虫（图2-18-7）。

6. 培育壮苗

壮苗标准是苗高40～50cm，葱白长25cm左右，叶身颜色浓绿，叶片保持5～6片，单株重0.04kg左右为壮苗（图2-18-8）。

图2-18-7　大葱间苗　　　图2-18-8　大葱壮苗和弱苗

三、清洁田园

大葱忌连作，葱地宜选择疏松肥沃、排灌方便的地块，及时清洁田园。多年连作土壤，要用棉隆、石灰氮等进行处理。

1. 棉隆消毒技术

棉隆消毒技术有以下三种：

（1）每亩用40%可湿性粉剂1～1.5kg，拌10～15kg细土，进行沟施或撒施，覆盖无病土，15d后栽植。

（2）亩用50%可湿性粉剂0.135kg，加水45kg浇灌，持效期4～10d。

（3）先进行旋耕整地，浇水保持土壤湿度，每亩用98%微粒剂20～30kg，进行沟施或撒施。旋耕机旋耕均匀，盖膜密封20d以上，揭开膜敞气15d后栽种。

注意事项：棉隆施用土壤后受土壤温湿度以及土壤结构影响较大，施用时土壤温度应大于6℃，12～18℃最宜，土壤湿度要大于40%。棉隆对已成长的植物有毒，使用时要离根100cm以外。

2. 石灰氮消毒技术

选择夏秋高温季节，上茬蔬菜收茬清园后，结合土壤翻耕、基肥使用、高温消毒进行，宜在播种定植前20d以上进行。在农家肥、豆饼肥等有机肥施用后，全田每亩撒施石灰氮30～50kg，随后深耕土壤。灌水保持土壤含水量70%以上，用薄膜全田覆盖15d畦面，然后揭膜通风透气，翻耕土壤整地，晾晒7d以上方可播种或定植作物（图2-18-9）。

图2-18-9　石灰氮

四、整地施肥

采取测土配方施肥，增施有机肥，补充硅、钙、钾、镁肥。在用棉隆等消毒后，施用复合肥100kg、矿物肥20kg及生物菌肥80kg作基肥，与土充分混合，整细、锄松（图2-18-10）。定植地块要注意有利于排水，以防7～8月雨季葱沟积水造成死苗，按照品种要求的种植行距开沟。南北向作畦，畦宽80cm。畦中间开定植沟，沟宽20～25cm，深17～20cm，其中一边沟壁宜垂直，以免栽后葱苗弯曲不正（图2-18-11）。

图2-18-10 生物菌肥　　　　图2-18-11 大葱开种植沟

五、葱苗分级，宽行密植

按葱苗大小分级，葱苗3～5片真叶，株高12～15cm，假茎直径为0.4～0.5cm时定植。起苗前2～3d，浇水一次，使土壤保持不干不湿，起苗时不困难，又不黏土。做到随起苗、随分级（把苗子分成1、2级）、随剪须根（留根长3～5cm），按大、小苗分级起苗定植（图2-18-12）。栽苗时，深度以不埋心叶，在地面上7～10cm为宜，因葱秧大小不一，应保持下齐即可。宽行密植，垂直插葱，行距80cm，株距单行2.5～3cm，双行5～6cm，每亩栽植2.2万～2.5万株（图2-18-13）。

图2-18-12 大葱定植苗

图2-18-13 大葱定植

六、田间管理

1. 浇水

缓苗期一般不浇水，葱白生长初期少浇水，立秋到白露之间早晚浇水，浇水不宜过大。白露到秋分浇水宜大，要经常保持地面湿润。需要6~7d浇一水，每次要浇透，两水之间要保持地皮不干，收获前7~10d停止浇水。

2. 追肥

立秋后葱白生长初期，亩施尿素20kg或硫酸铵25kg，忌施碳酸氢铵。葱白旺长期，氮、磷、钾要配合使用，结合培土，每亩分3次追施三元复合肥50kg或生物菌肥80kg，也可亩用0.5%硼砂溶液50L叶面喷洒，10d左右喷洒一次，连续使用2~3次。

3. 培土

大葱培土结合追肥进行，培土应注意要在上午（10时后）露水干，土壤凉爽时进行，否则容易引起假茎腐烂。一般培土4次。第1~2次培土时，因苗生长慢，应浅培土；第3~4次培土时，因苗

图2-18-14 大葱培土

生长快，应深培土。注意以不埋心叶为适度（图2-18-14）。

七、大葱病虫害综合防治

大葱病害要坚持预防为主，综合防控的原则开展。大葱的常见病害有猝倒病、霜霉病、软腐病、紫斑病、锈病、干尖病、炭疽病，黄矮病、黑斑病、疫病、灰霉病、菌核病、葱白色斑点病、叶腐病、葱线虫病等。其中大葱霜霉病、软腐病、紫斑病、锈病、干尖病危害严重（图2-18-15）。

图2-18-15　病虫害防治

图2-18-16　大葱霜霉病

1. 大葱病害防治

（1）霜霉病。发病初期及时喷药，用68%精甲霜·锰锌水分散粒剂600倍液，春雷·王铜可湿性粉剂800～1 000倍液、72.2%霜霉威盐酸盐水剂800倍液每隔7～10d喷药一次，连喷2～3次。各种药剂注意交替使用（图2-18-16）。

（2）紫斑病。发病初期喷72%霜脲·锰锌湿性粉剂600倍液或70%代森锰锌可湿性粉剂500倍液，58%甲霜灵·锰锌可湿性粉剂500倍液，或50%异菌脲可湿性粉剂1 500倍液，或50%硫菌灵可湿性粉剂600倍液等，隔7～10d喷药一次，连喷3～4次，可与防治霜霉病结合（图2-18-17）。

（3）大葱锈病。发病初期喷药，可用43%的戊唑醇5 000倍液每10d左右防治一次，共防1～3次（图2-18-18）。

图2-18-17　大葱紫斑病　　　　图2-18-18　大葱锈病

2. 大葱虫害防治

大葱虫害主要有葱地种蝇、甜菜夜蛾、潜夜蛾、葱白潜叶蝇等。

（1）葱蝇。栽葱时要严格剔除受害苗，或用150倍60%吡虫啉种衣剂加2.5%咯菌腈悬浮种衣剂。短时浸泡葱苗根茎，可杀死内部幼虫。药剂防治：成虫产卵时，可用2.5%溴氰菊酯乳油3 000倍液，7d喷一次，连喷2～3次。已发生葱蝇的菜田，用90%敌百虫晶体1 000倍液，或40%辛硫磷1 000倍液灌根杀蛆（图2-18-19）。

图2-18-19　葱蝇

（2）葱蓟马。及时清洁田园，及早将越冬葱地上的枯叶、残株清除，消灭越冬的成虫和若虫。适时灌溉，尤其是早春干旱时，要及时灌水。药剂防治：及时喷洒40%啶虫脒乳油1 000倍液喷雾（图2-18-20）。

图2-18-20　葱蓟马

八、适时收获

当葱白长到35cm以上，85%以上假茎直径达1.5～2.2cm时，即可开始采收。一般在11月中旬前采收，以防晚收减产（图2-18-21）。

图2-18-21　收获期大葱田

第十九章　大蒜优质安全栽培技术

一、选择适宜良种

蒜农要根据种植目的及市场需求选择品种。

1.选种与分级

选用耐寒、抗病、高产、优质的品种为宜。目前山东省济宁市主栽的品种主要是红皮大蒜（图2-19-1）、金乡白皮大蒜（图2-19-2）、金蒜3号、金蒜4号。把选好的品种按大小分级。选具有本品种特征、无霉变、无虫蛀、无损伤的蒜头作种蒜。播种前掰瓣分级，分级标准是0.005～0.006kg以上为1级，0.003～0.004kg为2级，0.003kg为3级（蒜种紧缺时用）。播种时先播1～2级种，如蒜种紧缺再播3级种。蒜种大小与产量有密切关系。每亩用种量130～150kg。

图2-19-1　红皮大蒜

图2-19-2　金乡白皮大蒜

2.蒜种消毒

首先把选好的蒜种进行晾晒，再用50％的多菌灵可湿性粉剂500倍液浸种6h以上，或硫酸铜钙悬浮剂200倍液浸种2～3h，浸后捞出晒干即可播种。也可用50%的腐霉利拌种，用0.12～0.14kg腐霉利可湿性粉剂，兑水2～2.5kg，可拌一亩地的蒜种120～140kg（图2-19-3）。

图2-19-3　大蒜药剂拌种

二、精细整地，科学施肥

1.选地施肥

选用前茬非葱、蒜、韭菜类菜地为好。前茬作物收获后及时清地施肥，底肥以有机肥为主，化肥为辅。每亩施腐熟有机肥4 000～5 000kg，腐熟鸡粪130～150kg，磷酸二铵20～25kg，硫酸钾15kg或复合控释肥100～120kg，复合微肥5kg，混合后撒施。

2.耕地作畦

精细整地，要求深耕25cm以上，耕细耙平，无明暗坷垃，做成平畦，如地势低洼可做成台畦。畦宽一般为4.7m，也可根据不同地块和已备地膜情况灵活掌握。准备间作套种的要留好地。

三、适期播种

1.适宜播期

根据近几年山东省济宁市种植情况，总结出济宁市适宜播期为10月1日至10月15日。在播种时要根据当时温度而定。如气温持续偏高，为避免冬前旺长，不利越冬，播期可适当推迟（图2-19-4）。

图2-19-4　适期播种

2. 合理密植

合理密植是增产的基础,但不同品种要掌握不同密度。以蒜头(出口)产量为主的红皮、金乡白皮、鲁蒜王1号、鲁蒜王2号等品种,密度以2.2万~2.5万株/亩为宜;薹头兼用品种双丰2号、早薹1号等适宜密度在2.5万~3.2万株/亩(图2-19-5)。

图2-19-5 合理密植

3. 播种方法

大蒜种植以开沟播种为好,沟深5~6cm,沟内每亩撒施辛硫磷颗粒剂5kg,预防蒜蛆。播种时蒜瓣的弓背与腹面连线应同行向一致,播种深度3~4cm,株行距(13~15)cm×(18~20)cm,播后覆土1.5~2cm,随后浇透水,次日喷除草剂。采用33%的二甲戊灵,每亩0.12~0.15kg,兑水50~60kg。现在适宜的除草剂较多,也可选用乙草胺、乙氧氟草醚等(图2-19-6)。喷后随即盖地膜,地膜要拉平、压紧、封好,防风揭膜(图2-19-7)。

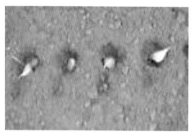

图2-19-6　大蒜播种　　　　图2-19-7　大蒜覆盖地膜

四、田间管理

1. 苗期管理

大蒜播种后4～6d幼苗出土，不能自行破膜的大蒜幼苗要人工辅助破膜放苗。要用扫帚轻拍地膜，也可用铁钩及时破膜放苗。播后10～13d根据天气情况浇一次齐苗水，也叫提苗水，促苗健壮生长（图2-19-8）。此后根据土壤墒情和植株长势，适当控制浇水，促进根系下扎。小雪后（11月中下旬）土壤封冻前根据土壤墒情浇一次越冬水，此时如基肥施用量少，可结合浇水每亩追施三元复合肥20kg，为安全越冬打好基础。如土壤墒情较好，植株生长健壮无需浇水（图2-19-9）。

图2-19-8　大蒜破膜放苗　　　　图2-19-9　冬前蒜田

2. 返青期

2月底至3月，气温逐渐回升，蒜苗返青生长，根据墒情浇返青水，如蒜苗长势弱，可结合浇水每亩施三元复合肥15kg。4月初（清明前后）是蒜薹和蒜瓣分化期，需水肥量较大，要及时浇水追肥，浇水时随水每亩冲施尿素20kg、磷酸二铵12kg、硫酸钾20kg促进薹瓣快速分化（图2-19-10）。

图2-19-10　大蒜返青期

3. 抽薹期

大蒜现"尾"期在4月20日左右（谷雨前后），此期是植株营养器官与生殖器官的共生期，又是蒜薹现"尾"伸长期，要水肥齐攻。结合浇水亩追施尿素25kg，磷酸二铵7kg，硫酸钾16kg，或氮、钾复合肥25kg。要保持土壤潮湿，5d左右浇一次水，提薹前3d停止浇水。待蒜薹顶部弯曲呈"秤钩"形，总苞下部发白时，为蒜薹的采收适期（图2-19-11）。

图2-19-11　大蒜抽薹期

4. 蒜头膨大期

蒜薹收获后，蒜头进入膨大盛期，要及时浇透水，结合浇水，亩追施尿素15kg，磷酸二铵7kg，硫酸钾10kg，或三元复合肥20～25kg。此时要保持地面见干见湿，根据天气情况6～7d浇一次水，收获蒜头前3～4d停止浇水，促进茎、叶部的同化物加速向蒜头转运，使蒜头膨大达到最大化，提高产量和质量。

5.适时收获

蒜头成熟的标志是植株下部叶片枯黄，上部叶片变为灰绿色，假茎松软，此时为收获适期。大蒜收获后防止日晒、雨淋，放置在阴凉通风处晾干最佳（图2-19-12）。

图2-19-12　大蒜收获

五、病虫害防治

大蒜生长过程中，葱蝇（蒜蛆）是危害大蒜的主要地下害虫（图2-19-13）。要在3月上中旬采用40%辛硫磷1500倍液灌根，到4月下旬至5月上旬，用10%的丙线磷每亩0.003～0.004kg，拌土20～30kg，撒入蒜畦，随后浇水（图2-19-14）。

图2-19-13　大蒜蒜蛆危害状

图2-19-14　大蒜病虫害防治

　　大蒜病害主要有叶枯病（图2-19-15）、灰霉病（图2-19-16）、紫斑病（图2-19-17）、白腐病（图2-19-18）。防治从4月上旬开始，用50％腐霉利可湿性粉剂1 500倍液防治灰霉病；4月下旬至5月上旬是大蒜叶枯病的发病高峰期，可用70％的甲基硫菌灵800倍液喷防治，也可用75％的百菌清可湿性粉剂600～800倍液防治，或用70％乙膦铝·锰锌可湿粉600倍液喷防治；白腐病多在4月初发病，从发病开始喷第一次药，以后每隔10～15d喷一次，共喷3～5次。也可用50％多菌灵可湿性粉剂600～800倍液，或50％福美双可湿性粉剂600～800倍液，或50％退菌特可湿性粉剂800～1 000倍液防治。

图2-19-15　大蒜叶枯病

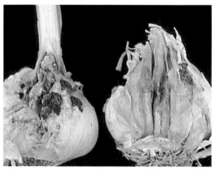

图2-19-16　大蒜灰霉病

图2-19-17　大蒜紫斑病

图2-19-18　大蒜白腐病

第二十章　圆葱优质安全栽培技术

一、选择适宜品种

圆葱栽培应选用抗病、抗寒、高产、优质、皮色纯正的品种。例如，引进日本的早熟品种高田早生（图2-20-1），中晚熟品种中甲高黄（图2-20-2）、黄金大玉葱（图2-20-3）、改良泉州玉葱（图2-20-4）；国产品种有双环红、邯圣紫星、金红叶等，

图2-20-1　高田早生

图2-20-2　中甲高黄

图2-20-3　黄金大玉葱

图2-20-4　改良泉州玉葱

各地根据市场需求和出口情况适当选用。

二、培育壮苗

1.选地与施肥

选择地势高燥，土壤肥沃，通透性好，排灌便利，两年以上未种过葱蒜类蔬菜的地块。亩施腐熟优质有机肥3 000 ～ 4 000kg，磷酸二铵13kg，硫酸钾15kg，磷酸二氢钾2.5kg，为防地下害虫，每亩用50％辛硫磷400mL，加7kg麦麸混匀，掺在有机肥里，撒施地表、浅耕细耙、整平，做成1.3 ～ 1.5m的平畦，再将化学肥料磷酸二铵和硫酸钾及磷酸二氢钾混匀撒在畦内，土肥混匀搂平即可（图2-20-5）。

图2-20-5　整畦

2.适期播种与种子消毒

适期播种是圆葱高产优质的关键，播种过早幼苗大，栽后抽薹率高，影响产量和质量；播种晚温度低，定植时苗小，抗寒能力差，不利于安全越冬。根据山东省济宁市常年气候条件，适宜的播期在9月上旬（白露前后），最迟不能超过9月12号。为提高种苗质量，播种前用50℃温热水浸种10min，或用40％

福尔马林300倍液浸种3h，处理后捞出洗净，晾干，掺细土，均匀撒播在畦面上（1亩苗床用进口种子为2～2.5kg，国产种子为2.5～3kg，种子芽率要在90%以上），播种后随即覆盖1cm厚的细干土，然后在畦面上覆盖草苫或麦秸，以降温保湿。播种前苗床一定要造好墒。

3.加强苗床管理

正常天气播后6d开始出苗，待50%以上种子出苗后，及时撤掉覆盖物，齐苗后浇一次小水，在畦面上撒一层薄细干土稳苗护根，以后保持畦面见干见湿。若幼苗生长较弱，按每亩苗床25kg尿素，随水冲施，同时可用0.2%磷酸二氢钾叶面追肥，7d一次，连喷2～3次。在生长过程中注意防病治虫等。圆葱苗龄40～50d，在定植前15d适当控水，促进根系生长，培育优质壮苗（图2-20-6）。

图2-20-6　圆葱育苗

三、适期定植，合理密植

1.精细整地、施足基肥

前茬选非葱、蒜、韭类蔬菜地，亩施腐熟有机肥5 000～8 000kg，尿素20～25kg，磷酸二铵30～35kg，硫酸钾20kg，混合后撒施地表。深耕20cm以上，耙细整平做成平畦，畦宽根据当地常用的地膜宽度而定，一般地块平整，浇水设施好，畦宽可在3m以上。

2.适期定植

济宁市圆葱适宜的定植期在10月下旬至11月上旬。

3. 选苗分级

分级是为了栽后生长一致，便于管理。分级标准：直径0.5～0.8cm，株高20cm以上，叶片4～5片，无病虫危害为一级壮苗；直径为0.3～0.4cm的为二级壮苗；直径超过0.9cm的为劣苗，定植后易抽薹，要全部别除。定植时应按级别，分别定植。

4. 精细定植，合理密植

定植前5～7d在畦上覆盖地膜提温，定植时在膜上打孔栽苗，栽深1.5～2cm，栽后用细潮土把孔封严，以利增温保湿。栽植密度：早熟品种行距16～17cm，株距16cm，亩栽2.5万～2.6万株；中晚熟品种行距18～20cm，株距16～18cm，亩栽2万～2.2万株。定植时用标尺确定距离，以保证合理的密度（图2-20-7）。

图2-20-7　圆葱定植

四、田间管理技术要点

1. 缓苗期

定植后及时浇水，沉实土壤，促进缓苗发棵。要经常检查地膜是否完好，如有损坏或被风刮起，要及时处理好，以利增温保墒，促根下扎。土壤封冻前，于11月下旬至12月初（小雪后大雪前）要浇一次越冬水，以利植株安全越冬。

2.返青期

圆葱返青后，植株生长量增大，鳞茎开始膨大，需水肥量增加，要及时浇水追肥，结合浇水亩追尿素10kg，磷、钾复合肥20kg，促进发棵。当叶鞘开始增大时，要适当蹲苗，抑制叶片长势，促进营养物质向叶鞘基部输送，以利鳞茎形成膨大（图2-20-8）。

图2-20-8　圆葱返青

3.鳞茎膨大期

此期是肥水需求高峰，要肥水齐攻。结合浇水亩追施尿素15kg，磷、钾复合肥25kg，促进鳞茎快速膨大。此后要小水勤浇，保持地面湿润，利于鳞茎膨大增重（图2-20-9）。

图2-20-9　圆葱鳞茎膨大

五、适时收获

圆葱成熟的标志为叶片逐渐变黄，田间60%的植株自然倒伏，此时为适收期。圆葱要带叶收获，收后晾晒5～7d，剪去须根和假茎（假茎要留2～3cm再剪），贮存在通风防水处（图2-20-10）。

图2-20-10　圆葱收获

第二十一章　金针菇瓶栽技术

　　金针菇工厂化瓶栽是利用电脑控制温度、湿度、光照、氧气等生产环境，实现机械化、流程化、标准化栽培，提高生产效率，降低劳动强度，实现产品规格一致、品质好、货架期长，周年均衡供应市场。此项技术不仅突破了金针菇依靠自然条件一年一个生产周期的传统，而且引领了金针菇生产的发展方向（图2-21-1）。

图2-21-1　金针菇

一、常用配方

　　金针菇栽培物料常用配方：

　　配方1：木屑74%，米糠25%，碳酸钙1%。

　　配方2：棉籽壳78%，麦麸20%，糖1%，碳酸钙1%。

　　配方3：棉籽壳85%，麦麸10%，玉米粉3%，糖1%，碳酸钙1%。

　　配方4：木屑34%，棉籽壳34%，麦麸25%，玉米粉5%，糖1%，碳酸钙1%。

配方5：玉米芯40%，棉籽壳30%，麦麸28%，糖1%，石膏1%。

配方6：棉籽壳50%，玉米芯12%，麦麸10%，玉米粉10%，棉籽饼5%，木屑12%，石膏1%。

二、培养基制作

1. 原料要求

（1）木屑。除含有大量树脂和单宁等有碍菌丝及子实体生长发育物质的木屑外，均可使用。木屑在使用前要预堆积、淋水发酵，使木屑内的树脂、单宁等有毒物质流失；同时使木屑部分降解、软化，提高木屑孔隙度（图2-21-2）。

图2-21-2　木屑

（2）米糠。金针菇最好的营养源是米糠，米糠中既有淀粉物质作为碳源，又富含蛋白质可作为氮源，同时还含有大量生长因子（维生素B_1）（图2-21-3）。

图2-21-3　米糠

（3）棉籽壳。以颜色发白、水分低、绒极少、手握紧有刺痛感的为佳。

（4）碳酸钙。用于调节培养料的酸碱度和增加钙质（图2-21-4）。

图2-21-4　碳酸钙

2.培养基制作（以配方1为例）

（1）米糠的用法及用量。木屑过筛除去杂质，再倒入搅拌机，边加米糠边搅拌，分两次加水，搅拌20～30min，含水量控制在63%。新鲜米糠的用量是每100mL的培养基加0.01～0.013kg，每个850mL的栽培瓶需0.089～0.09kg。

（2）准确计算用水量。培养基的含水量直接影响培养基内空气和可溶性物质的含量，进而影响菌丝生长，直至影响产量和质量。可按以下公式计算：

$$\frac{(100 \times a)\ A + (100 \times b)\ B}{100 \times e} \qquad (1-1)$$

式中：A为每瓶装入培养基的量（kg）；a为培养基要求的含水量（%）；B为米糠用量（kg），b为米糠含水量（%）；e为木屑用量（kg）。加水量=A+B+e（kg）如木屑含水量65%，米糠含水量13%，培养基装量0.5kg，其中米糠用量0.01kg，培养基的含水量要求控制在63%。每一批木屑的含水量都在变动，使用前应先用水分计测定。

（3）调节酸碱度。通过仪器测试培养基的pH，pH在6～6.5为宜，如达不到要求，则按比例往培养基中加入适量的碳酸钙。

三、装瓶灭菌冷却

图2-21-5　自动装瓶机

1.装瓶

金针菇瓶栽可采用16连或12连的装瓶机自动装料，装料松紧适度均匀一致，装料高度以瓶肩至瓶口1/2处为适宜（图2-21-5）。标准的装瓶量是0.48kg左右，要求表面压实、打孔，否则菇蕾难以发生。装瓶后加上无棉盖体的盖子（图2-21-6）。

图2-21-6　装瓶后加盖

2.灭菌

装瓶后立刻灭菌，有常压和高压两种方式。

（1）常压灭菌。料内温度达98 ～ 100℃时，大约4h即可升至102℃，维持13h，关闭蒸汽，4h后微开门缝，散热2h（图2-21-7）。

（2）高压灭菌。一是压力升至102.9kPa（1.05kg/cm²），温度达121 ～ 126℃，维持20 ～ 30min，可达到灭菌目的。二是蒸汽压力205.8kPa（2.1kg/cm²），温度达132℃以上并维持10min，即可杀死包括具有顽强抵抗力的细菌芽孢在内的一切微生物。高压灭菌排气必须充分，否则会使锅底下方达不到灭菌温度，导致灭菌不彻底，杂菌横生（图2-21-8）。

图2-21-7　常压灭菌炉

图2-21-8　高压灭菌炉

3.冷却

灭菌结束后，培养料瓶从灭菌锅中搬出，堆放在清洁的冷却室内，待料温降至20℃。

四、接种

1.菌种选择

金针菇接种应选用白色菌株，主要有YH-001、常生源1号等。白色品系的金针菇子实体发生温度相对较低，抗寒性极强，15℃以下均可出菇，以10℃以下出菇质量最好。

2.接种

（1）接种场所。接种在无菌车间内进行，无菌室使用FFU百万级或十万级空气过滤设备，以保证接种在无菌环境下进行（图2-21-9）。

图2-21-9　接种室

（2）准备工作。接种人员工作前必须在洗浴后更换无菌服，通过风淋进入接种室。

（3）固体菌种接种。培养料降至20℃时，料瓶运入接种室，采用自动接种机接种。对使用的菌种，必须仔细检查有否杂菌污染与生长不良，确保菌种质量。菌种使用前要用酒精清洗、消毒瓶外表面，然后无菌操作去除培养基表面及接种孔里的老菌块，培养基表面用火焰灭菌。接种前，消毒接种机接触菌种的部件，保持接种室空气洁净。接种定量，每个850mL的栽培瓶接0.008～0.01kg菌种。接种量过多，浪费菌种，并影响菌种瓶内的通风换气；接种量过少，料面菌种封面慢，易引起污染

（图2-21-10）。

（4）液体菌种接种。液体菌种使用前，需检测确认无杂菌污染才能用于接种，否则会造成颗粒无收。液体接种机喷头经高压灭菌后，连接好发酵罐、喷头、通气管道等，并用空瓶检测每瓶的接种量。接种过程中保持罐压160～200kPa，以保证菌种喷洒均匀，液体菌种每瓶接种量为（22±2）mL（图2-21-11）。

图2-21-10　自动固体接种机

图2-21-11　液体接种喷头

五、发菌培养

1.温度

接好种后，将菌种瓶通过传送带送入18～20℃的菌丝培养室（图2-21-12）。发菌过程中，菌丝会进行呼吸并产生大量二氧化碳与热量，需保持良好的通、排风。培养室的菌种瓶合理的堆放密度为450～500瓶/m³，堆放高度12～15层，每区域留通风道。金针菇发菌适温20～22℃，发菌初期与后期菌丝生长呼吸所产生的热量较少，而发菌中期菌丝生长旺盛，发热量大，培养室温度设定应阶段调整。另外，发菌过程中，较少呼吸产出热量导致料温较室温高3～4℃，室

图2-21-12　发菌室

温的控制要保证料温不超过菌丝生长的适温范围，否则高温会引起菌丝较少、生长缓慢甚至停止，最终导致不出菇或出菇质量差。

2. 湿度

发菌过程中培养室的相对湿度控制在60%～70%。发菌初期空气湿度高，易引起杂菌滋生，并且易引起气生菌丝，影响吃料速度。发菌中、后期，随着菌丝呼吸旺盛，水分消耗增加，需相应提高空气湿度。

3. 光照与通风

金针菇发菌培养阶段不需要光照，但需要良好的通风。若通风不良二氧化碳浓度升高，不仅会造成菌丝生长障碍，而且培养室容易滋生杂菌。发菌初期菌丝呼吸作用弱，通风换气次数与时间相对较少，中、后期，菌丝生长旺盛呼吸作用强，需适当增加通、排风次数与时间。培养室二氧化碳浓度3 000 ～ 4 000 μ L/L为适宜。在正常情况下，接种后10 ～ 15d菌丝可伸入培养基20 ～ 25mm，纯白色品种比淡黄色品种约迟5d长满瓶，一般需培养23 ～ 25d满瓶。

六、搔菌注水

1. 搔菌

菌丝发满后通过传送带送至搔菌室进行搔菌，搔菌前搔菌室使用紫外线消毒、蒸汽40℃以上2h。搔菌有平搔和刮搔。平搔即搔去表面4 ～ 5mm的老菌种与料表层老菌丝，然后注8 ～ 10mL洁净清水，不伤及料面，只把老菌种块扒掉，其特点是出菇早、朵数多、产量高。刮搔是把老菌种块和深6 ～ 8mm的培养基一起成块状刮掉，因为伤及菌丝，菇蕾的发生比平搔迟约2d，朵数也有减少的趋势，菌柄分枝变短，但如果培养基表面很干，以采用刮搔为宜。搔菌是采用小型的马达使搔菌匙自动旋转的机械化快速办法。搔菌前要清洁、消毒搔菌刀具，同时严格挑选，拣出有杂菌污染的菌种瓶，以免搔菌刀刃带菌，造成交叉感染。如搔过污染瓶子的搔菌机，必须经火焰和酒精消毒后才可继续作业。搔菌后移入栽培室（图2-21-13）。

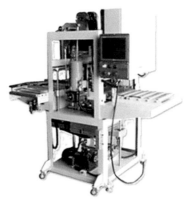

2.注水

注水的目的是为了补充料面水分，增加原基形成数量，增加培养基在养菌期间失去的水分。平搔、刮搔后均需要注水。

图2-21-13　自动搔菌机

七、栽培管理

1.栽培室

栽培室也称生育室，是金针菇子实体形成、生长的房间，要搭置床架，床架层数根据生育室高度、层高而定，通常5～7层，并装备调温、调湿、通风、排气及光照装置（图2-21-14）。

图2-21-14　栽培室

2.催蕾

搔菌后栽培瓶通过传送带送至栽培室，菌瓶进入栽培室之前室内必须使用臭氧消毒2h。栽培室温度控制在10～13℃。栽培室内使用水源经过RO反渗透过滤系统，然后通过管道进入各个菇房。用超声波加湿器产生雾化水进行加湿，也可采用发生细雾的自动增湿机来加湿，催蕾室的湿度应保持在90%～98%。催蕾的前2～3d一定要保持好湿度，使受伤的菌丝恢复。增加培养基在养菌期间流失的水分。催蕾中期以后因呼吸转旺，二氧化碳浓度升高，通风管理是关键。二氧化碳浓度控制在1 000 ~ 2 000 μL/L，有利于原基分化。应把温、湿度和通风调到适合的范围，搔菌后6 ~ 8d，培养基表面会发生白色棉绒的气生菌丝，接着便出现透明近无色的水滴，过8 ~ 10d就可出现菇蕾。如果出现浅茶色至褐色且混浊的液滴表明培养基已被细菌污染，有可能是蜡虫危害。液滴的发生与菌种质量、木屑种类和持水性、培养基的组成、栽培管理都有关系，应控制好上述条件，尽量减少液滴的发生。降低湿度，也可改善症状。

3. 抑制

菇蕾发生后，个体发育的强弱有差异，分枝有先后，会影响整齐度，当菇蕾出现2 ~ 3d后，菌柄长1mm、菌盖直径约1.5mm时，纯白色金针菇抑制前必须进行均育处理，其温度约8℃，空气湿度85% ~ 90%。均育后，必须进行抑制处理。抑制室的温度保持在3 ~ 5℃，湿度85% ~ 90%，二氧化碳浓度在1 000 μL/L以下，抑制时间约7d。抑制的措施有光抑制和风抑制两种方法：

（1）光抑制。在抑制中期至后期，在距离菇体50 ~ 100cm处，用200lx光照，一天照2h，分数次进行，抑制效果最好。

（2）风抑制。风抑制是在栽培瓶移到抑制室后2 ~ 3d，菌柄长2mm左右时开始吹风。风速3 ~ 5m/s，一天吹2 ~ 3h，分别吹风3d左右。

在吹风抑制时，结合光抑制，对金针菇的子实体形成有效。当子实体伸长到瓶口时，可提高风速，有利于培养色白、干燥、质硬的金针菇。整天吹风，子实体会干掉，要在送风机上装定时器，送风约30min，停10min，或使用移动式的送风机。均育、抑制期共10d左右。

4. 发育室管理

子实体从瓶口长出0.5 ~ 1cm时，移到生育室，室温保持在

6～8℃，相对湿度85%左右，不要经常吹风，否则瓶口周围的子实体发育缓慢，菇长得不整齐。进入发育室2～3d，子实体高出瓶口2～3cm时，进行套筒，即把塑料筒膜卷起直立固定在瓶口上，以达到减少氧气、抑制菌盖开展，促使菌柄生长的目的。筒膜为天蓝色的塑料薄片，底边20cm、上顶34cm、高为15cm、开角为15°左右，上面打有孔洞。开始套筒一直到收获期，每天配合照射300lx强光15min，或在套筒前后和收获前两天，连续照射300lx强光20～24h。此时进行光照，有增产和提高品质的效果。但光照不能过度，否则菌盖和菌柄的色泽发暗，且菌盖有变大的趋势。套筒后5～6d，子实体伸长至10cm时，由上往下对菌盖吹风，使菌盖、菌柄干燥、发白，培育出耐存放的优质金针菇（图2-12-15）。

图2-21-15　菌瓶套筒

八、采收挖瓶清扫

1.采收

当栽培瓶移入催蕾室30～35d，菇柄长至15cm，菇盖直径0.8～1cm时，为采收适期。采收时套筒取下，一手握住菌瓶，一手轻轻把菇丛拔起。采完后把菌柄基部和培养基连接部分、培养基、生长不良的菇剔除干净，放置于塑料筐中。要防止装得过多，压碎菇盖及菇柄，影响质量。工厂化生产为提高栽培房的利用率，增加生产次数，只采收一潮菇。一般每瓶金针菇的产量在0.3kg左右，高产可达0.4～0.48kg。栽培周期为58～60d（图2-21-16）。

2.挖瓶

采收结束后，菌瓶必须立即移入挖瓶室，由挖瓶机将料挖

图2-21-16　金针菇采收

图2-21-17　自动挖瓶机

出，菌瓶可重复利用。废料送基质肥料加工厂，制成基质肥料或处理后作菇类生产原料（图2-21-17）。

3. 清扫

采收完毕后的生育室应彻底清扫干净，并用水冲洗床架、墙壁四周、地面等，保证生育室洁净。

九、包装保鲜

采收后的子实体以鲜菇风味最佳，但因保存时间短，影响商品质量，要及时采取保鲜措施。有保鲜膜包装、抽真空、抽半真空包装等方式。其中抽半真空包装的菇体变形小，保质期长，在2～3℃能保存30～40d。现在多以采用透气性差的、厚0.02mm的透明聚丙烯袋，可以抑制袋中金针菇的呼吸作用，减少养分消耗，收到较好的保鲜效果。可按市场要求进行大、小包装，用聚丙乙烯薄膜袋抽气密封包装，低温贮藏，销往市场。

第二十二章　银耳栽培技术

一、银耳栽培室的设置

1. 银耳周年栽培室

银耳周年栽培室室内必须具备环境清洁、通风、透光、保温、保湿等条件。周年栽培的耳室方位宜坐北朝南，以便利用冬季太阳辐射热量来提高室温，防止干冷的西北风直吹床面。建造耳室应选择地势干燥、排水方便、周围环境清洁、开阔、远离房舍或谷仓、近水源的场所，便于栽培时进行喷水管理。为了管理方便，每间栽培室面积控制在80～100m²左右。四周用泥土筑墙或砌砖均可，顶部用木板盖顶，顶面铺上羽毛毡，再覆盖木屑或泥土，背面门窗，最好背面顶部留天窗。正面墙基部留有灶坑。地面用砖砌1～2条通烟道，以便冬天温度低时利用旧银耳筒子燃烧，热气从通烟道经过时加热增温、保湿。地面铺沙土，撒些石灰以利消毒，防止杂菌繁殖。床架的排列应和栽培室的方位成垂直，一般设置6～7层。床架高2.5m，宽0.9m，过高或过宽，操作都不方便，过窄过低利用率不高。床架间的走道宽0.7～0.8cm。栽培室内应有通风设备，每条走道两端墙上各设上、中、下对窗，以便定时通风换气（图2-22-1）。

图2-22-1　银耳栽培室

2.野外层架式荫棚

野外层架式荫棚的设计和外棚的大小、长度及内棚数量视场地、栽培规模灵活安排，一般每个菇棚设4个内棚。内棚呈n字形，排放两个床架，床架外柱高2.5m，内柱高2.75m，上下分层，底层距离地面0.15m，顶层外边离外棚0.35m，床宽0.9m左右，刚好排两袋银耳筒子。床架立柱与立柱距离1.3～1.5m，不能太宽。两个床架之间的走道宽0.7～0.8cm。每条立柱顶端锯成凹槽，横放固定的要竹。架顶用竹片弯成的弓形，用塑料带固定在立柱顶端的横越竹上，弓形与弓竹之间距离0.4cm，弓竹边缘距离外柱0.2～0.3cm，并用条竹绑住弓竹边缘，起保护塑料膜作用，最后用塑料薄膜将两个床架从头到尾全部盖住。内棚外搭荫棚。外棚中间高4m，两边高3.2m，棚顶用木板或竹条搭盖"八"字形，棚顶内衬固定的塑料膜，外盖芒萁等野草，起遮雨、遮阳双重作用。外棚四周先挂上防虫网，再挂草帘。由于菇棚遮阴物较厚，棚内光线较暗，因此，内棚要设置日光灯，起调节光照作用。自然气候条件下栽培银耳也可以在通风良好的大厅、房间搭架，进行适时栽培技术。

二、栽培季节

银耳属于中温型菌类，菌丝生长最适合温度为24～28℃，子实体发育适宜温度20～27℃。栽培季节以春、秋两季自然气温最适，也可采取冬季栽培房加温，夏季野外搭棚栽培，使其四季银花盛开。

三、培养料配方

栽培银耳的原料十分广泛，以棉籽壳最为理想，此外，杂木屑、玉米芯、甘蔗渣等也是常用的原料。培养基配方为：棉籽壳83.5%，麸皮15%，石膏粉1.5%。采取其他原料栽培时，适当增加麸皮用量，比例应不低于20%，各料混合均匀后加水调湿，培养料含水量以53%左右为宜，pH 5.5 ~ 6，含水量测定可用手握料检测，要求指缝间不滴水，以掌心潮湿为度，平放地面即散开。

四、装袋灭菌

栽培袋采用低压聚乙烯薄膜袋，袋子规格12cm×53cm，用人工或装袋机把培养料装入袋中，每袋装湿料1.1kg，然后把袋口用线扎好（图2-22-2）。袋子正面用打孔器均匀地打上3个接种穴（图2-22-3）。穴深1.5cm，直径1.5cm。穴口用胶布贴封。装袋不宜过紧，若装得过紧，氧气不易进入袋内，出耳较慢，耳片也开不好，但若装太松，接种后容易感染杂菌。在温度较高的时期生产，从拌料到灭菌最好缩短到6h之内，以免培养料发酸；灭菌温度也要尽快升到100℃，若火力不猛，迟迟不到100℃，也易使培养料变酸。常压灭菌，温度升至100℃，持续15 ~ 18h。

图2-22-2 装袋机

图2-22-3 打接种穴

五、接种

灭菌后，把菌筒搬到消毒过的房间中冷却，然后在无菌条件下进行接种。银耳菌丝是羽毛状香灰菌丝和银耳纯菌丝两种混合体，接种要求严格执行无菌操作。接种时开启穴口胶布，要立即用接种针提取银耳菌种接入穴内，并顺手贴封穴口胶布，接种后接种穴的表面最好要比孔口低凹0.5cm。每瓶菌种可接40～50袋。接种前应把银耳菌种反复拌匀，使两种菌丝混合均匀，以提高出耳率（图2-22-4）。

图2-22-4　银耳接种

六、发菌

把接种后的菌筒排放在经杀菌、杀虫处理后的发菌室架上或以#字形堆栈在发菌室中培养，定期观察，若发现污染杂菌，应及时捡出。发菌室早春、晚秋或冬季要求保温，并保持干燥。晚春、夏秋应阴凉干燥，并能适当地通风透气、透光。室内温度前3d控制在25～28℃，以促使香灰菌丝迅速恢复、定植、蔓延，尽快封口，使香灰菌丝占绝对生物量，以防止其他杂菌侵入，超过30℃应及时开窗通风降温，低于18℃应关闭门窗加温。菌筒若是堆栈培养，当菌丝伸出胶布外围时，就应及时翻堆捡杂。接种后4～5d把室温调降到23～25℃，让银耳菌线长入培养基内部，并逐渐形成白毛团。发菌阶段空间相对湿度控制在70%以下，严防潮湿，同时，要防止高温烧菌，经烧菌后的菌筒是不会出菇的。

七、出耳管理

1. 开口诱基

经过发菌培育，菌丝圈直径达8～9cm时，便可将菌筒搬入实体栽培室内，上架疏排，并朝菌筒喷布800倍液敌敌畏，湿润胶布，1～2d后开口增氧。开口方法：气温偏低或气候干燥季节，先将接种穴上的胶布揭起一角，形成一个黄豆粒大小的通气口，以利氧气透进料内，并喷雾水湿润胶布，两天后把胶布撕掉，开口后菌筒要侧放。气温正常时，可一次性把穴口上的胶布撕掉，菌穴朝上排放。穴口胶布撕掉后，菌筒表面覆盖整张干净报纸，随即喷雾保湿，并保持报纸湿润，以不积水为度，注意千万不能让喷雾水珠落入穴内，否则易引起烂耳。每天向上掀动报纸一次，以防白毛团粘纸，同时，检查穴内黄水情况，黄水太多，要把它倒掉，或加强通风，降低温度。胶布撕掉后3d内，空间相对湿度掌握在85%～90%，以促进白毛团形成，随后空间相对湿度降至80%，诱导耳基发生，开口增氧后，菌筒内菌丝新陈代谢骤然加快。筒温上升，一般会比室温高出2～3℃，因此，温度应控制在23～24℃，不能超过26℃；若温度太高应加强通风散热，或在过道、墙壁上喷水降温。通风换气可结合早晚喷水进行，每天3～4次，每次30min（图2-22-5）。

图2-22-5　诱导耳基

2. 扩穴出耳

接种后15～18d，60%～70%菌筒出现耳基后，进行扩穴出耳（图2-22-6）。操作方法：用刀片割膜，将穴口直扩至3.5cm左右，增加穴口的通氧量，加快菌丝新陈代谢、生理成熟，以利耳基生长发育并转入伸展期。幼耳拇指头大以前，每天要掀动一次报纸，注意保持报纸湿润。当银耳实体长至3cm时，将报纸取下，直接朝幼耳喷雾水，每天2～3次，喷水后要通风1h左右。2～3d后再盖好晾干报纸，按正常喷水管理直到成熟期。幼耳生长前期空间相对湿度保持在85%左右，后期提高到90%～95%，温度掌握在20～27℃，以25～26℃最好。温度太低要进行增温，太高则要加强通气，并在地上泼水降温。喷水多少和通风时间长短应视幼耳生长状况及发耳室内气温、空气湿度而定。耳蕊多，耳黄，耳片水珠少应多喷；耳蕊少，耳白，耳片水珠多应少喷；气温高多喷，气温低少喷；晴天多喷，阴雨天少喷。结合喷水进行通风，每天2～4次，每次1h。

图2-22-6　银耳出耳

3.停水造型

接种后30d左右，子实体长至直径12cm左右时，进入成熟期。成熟期要停止喷水，过8～10d，就可采收。这一阶段发耳室空间相对湿度要降至80%，气温掌握在20～27℃，以23～24℃最好。同时，增加通风次数和延长通风时间，使耳片变厚，伸展整齐，朵形圆正，皮质好。

八、采收

银耳成熟期的标准是耳片全展开、疏松，触摸之弹性减弱，即可采收。采收应及时，采收早，影响产量；采收迟，影响质量，而且晒干后色泽偏黄。采收时用小刀割下，用刀片将蒂头带黑部分刮除，在清水中浸泡，而后烘干。

正常银耳色泽淡黄色，耳片全展开，蒂头小，泡松率高；不正常银耳，耳片紧实，蒂头大，发黑，泡松率低（图2-22-7）。

图2-22-7　银耳采收

第二十三章　水肥一体化技术在设施蔬菜上的应用

　　水肥一体化技术是现代农业生产中比较综合的水肥管理技术，就是把肥料溶解到灌溉的水中，由灌溉管道输送到种植的作物，以满足作物生长发育的需要。

一、设备组成

　　蔬菜大棚内的水肥一体化设备一般由生产厂家来安装，但是作为使用者应该了解设备的组成和工作原理。水肥一体化的设备一般包括首部枢纽和输水管网两部分。在使用水肥一体化设备灌溉施肥时，灌溉用水从进水口进入，通过首部枢纽时，施肥装置把肥料与水混合，再通过输水管网把水肥混合物输送到作物根部。

　　在整个水肥一体化设备中，首部枢纽（图2-23-1）是个非常重要的组成部分，是整个系统的驱动、检测和控制中心，主要由流量计（图2-23-2）、控制阀门（图2-23-3）、施肥器（图2-23-4）、水质净化设备（图2-23-5）等组成。流量计是用来计量灌溉的用水量，也就是常见的水表。控制阀门是用来控制压力和流量的操

图2-23-1　首部枢纽

作部件。主管道阀门用来控制灌溉水。旁路阀门用来控制施肥量。只灌溉不施肥，则打开主管道阀门，关闭旁路阀门；需要施肥时，打开旁路阀门，同时主管道阀门关闭1/3，减少主管道水量，使一部分水经过施肥旁路，通过文丘里施肥器把肥料带到主管道中。文丘里施肥器是根据文丘里原理制作，会减小水流压力和水流速度，因此不适合安装在主管道上，避免影响灌溉施肥速度。应在主管道上接一个旁路，在旁路上安装施肥器。水质净化设备的作用是将水中固体物质滤除，避免这些物质进入灌溉系统，堵塞灌水器，减少系统寿命。系统净化设备一般安装在首部枢纽的最后。

　　浇灌用水经过水质净化设备后，就进入了输水管网。输水管网的作用是把水肥混合物输送到作物根区（图2-23-6）。

图2-23-2　流量计

图2-23-3　控制阀门

图2-23-4　文丘里

图2-23-5　水质净化设备

设施栽培一般是起垄栽培，每垄铺设两条滴灌管。管道的出水口需要朝上，防止土壤堵塞出水口。两个出水口间距0.3m，虽然出水口的间距是固定的，但不会影响种植蔬菜的种类，滴管的水会湿润出水口附近的土壤，即使种植蔬菜在两个出水口中间，出水量也能满足作物正常生长用水需要。

图2-23-6　输水管网

水肥一体化技术通过合理的灌溉和施肥，可以最大限度地减少土壤病害和盐渍化这两种现象的发生，同时，可以节省灌水量和施肥量，与传统技术相比，更加环保。

二、灌溉技术

水肥一体化装备所需水源很简单，只要能达到灌溉用水的水质要求，一般的井水、河水、湖水、自来水等都可以作为它的水源。在设施内种植蔬菜，由于封闭的原因，容易造成湿度过高，为病菌造成适宜的生长环境。使用水肥一体化装备，采用滴灌技术，可以降低湿度，减少病害发生。灌溉时，一般需要考虑蔬菜不同生长阶段需水量的不同做出调整。

常见的茄果类蔬菜，定植后需要滴灌一次透水。从定植到开花这段时间，由于植株较小，需水量不是很大，一般需要滴灌两次（图2-23-7）。进入到果实膨大期，一直到采收这段时间，蔬菜的营养生长和生殖生产同步进行，需水量很大，需要每间隔8～10d滴灌一次。在蔬菜拉秧前15d，停止滴灌。根据滴灌方案，滴灌的水量需要根据不同的蔬菜做出调整。根据蔬菜种类和生长期不同，及时调整滴灌次数和水量，就可以科学平衡生长用水和设施湿度的关系（图2-23-8）。

图2-23-7　苗期

图2-23-8　盛果期

三、养分管理

使用水肥一体化技术，不是所有肥料都可以使用。复合肥、磷酸二胺不能溶解，杂质比较多，都不可以使用。必须选择尿素（图2-23-9）、硝酸钾（图2-23-10）、硝酸铵（图2-23-11）、磷酸二

图2-23-9　尿素

图2-23-10　硝酸钾

氢钾（图2-23-12）等可溶性的肥料，也可以选择专用冲施肥。无论选择哪种肥料，基本要求是能满足作物正常生长需要。

图2-23-11　硝酸铵

图2-23-12　磷酸二氢钾

四、肥料配比

图2-23-13　配肥

设施蔬菜根系特点就是根系分布比较浅，主要分布在10～30cm的土层中，根系比较集中，须根比较多。同时，蔬菜不同生长期对肥料的需求不一样，肥料配方也有所不同。如茄果类蔬菜从定植到开花这段时间，需要的氮、钾肥比较多，需磷肥较少。从开花到结果，肥料中钾的比例需要增加，氮和磷需要减少。从果实膨大期到拉秧期，肥料中钾的比例需要进一步增加，氮和磷的比例需要进一步减少。施肥时，要根据需肥规律调整，每种蔬菜不同时期需要的肥料不完全一样，需肥量也不一样，需要根据土壤差异、种类差异、生长期差异做出调整，来满足生长需要。

五、施肥操作

施肥时，需要先把肥料溶解在水中，再倒入施肥罐。施肥时，需要先给作物直接灌溉，不施肥。这样可以先湿润土壤，保证施肥时，肥料更均匀地分散到根系附近（图2-23-14）。灌溉15～20min后，再打开施肥旁路的开关，通过文丘里施肥器，把肥料吸入管中（图2-23-15）。

吸入管网的肥料溶液速度可以通过文丘里施肥器进行调节，顺时针方向可减小施肥量，逆时针方向可以增大施肥量，一般速度为60L/h左右。每次肥料溶液施完以后，为冲干净管道中的残留肥料溶液，需要继续灌溉15～20min，避免肥料溶液腐蚀管道。施肥完成后，要把水质净化设备的滤芯拆解下来，用清水清洗一下（图2-23-16）。

图2-23-14　施肥

图2-23-15　肥料

图2-23-16　清洗水质净化设备

图书在版编目（CIP）数据

图说蔬菜栽培技术 ／ 郭东坡等主编．—北京：中
国农业出版社，2017.12（2018.2重印）
ISBN 978-7-109-23517-5

Ⅰ．①图… Ⅱ．①郭… Ⅲ．①蔬菜园艺-图解 Ⅳ．
①S63-64

中国版本图书馆CIP数据核字(2017)第270520号

中国农业出版社出版
（北京市朝阳区麦子店街18号楼）
（邮政编码 100125）
责任编辑　周益平

中国农业出版社印刷厂印刷　　新华书店北京发行所发行
2017年12月第1版　　2018年2月北京第2次印刷

开本：850mm×1168mm　1/32　印张：6
字数：140千字
定价：39.80元
（凡本版图书出现印刷、装订错误，请向出版社发行部调换）